数字图像水印算法及应用

SHUZI TUXIANG SHUIYIN SUANFA JI YINGYONG

◎ 宋 伟 / 著

U0309312

中央民族大学出版社
China Minzu University Press

图书在版编目（CIP）数据

数字图像水印算法及应用/宋伟著. —北京：中央民族大学出版社，2019.1重印
ISBN 978-7-5660-0542-7

Ⅰ. ①数… Ⅱ. ①宋… Ⅲ. ①电子计算机—密码术
Ⅳ. ①TP309.7

中国版本图书馆CIP数据核字（2013）第258723号

数字图像水印算法及应用

著　　者	宋　伟	
责任编辑	满福玺	
封面设计	布拉格	
出 版 者	中央民族大学出版社	
	北京市海淀区中关村南大街27号　邮编：100081	
	电话：68472815（发行部）　传真：68932751（发行部）	
	68932218（总编室）　　　　68932447（办公室）	
发 行 者	全国各地新华书店	
印 刷 厂	北京建宏印刷有限公司	
开　　本	880×1230（毫米）　1/32　印张：6.25	
字　　数	130千字	
版　　次	2019年1月第4次印刷	
书　　号	ISBN 978-7-5660-0542-7	
定　　价	28.00元	

序

　　数字技术的发展使得人们在享受数字化带来便利的同时，也深陷安全隐患之中。数字图像，作为多媒体形式的主要内容，其获取、修改、传输越来越容易，随之而来的数字图像的真实性、完整性验证以及数字版权带来的归属确认等问题一定程度上制约了信息化技术的发展。出于保护多媒体产品，特别是数字图像知识产权不断增长的需求，出于使用传统的密码技术受到限制而又必须进行隐秘通信的特殊需求，信息隐藏技术得到了迅速发展。本课题就信息技术领域中的一大研究热点问题，即信息隐藏中的数字水印技术进行研究。

　　本著作在查阅了大量资料的基础上，对图像认证技术、鲁棒性数字水印技术、零水印技术和可逆信息隐藏技术四个方面进行了研究，提出了新的算法和模型。取得的成果总结如下：

　　1. 针对图像认证技术中定位精度和安全性之间矛盾这一关键问题，提出了新的基于混沌系统的图像认证水印算法。基于猫映射构成的循环结构，将不相关的图像块由于水印的嵌入变得相关，解决了传统的一一对应块相关算法定位精度不高的问题。选取对初值极端敏感的 Logistic 混沌系统构造伪随机循环链，利用奇异

1

值分解构造基于图像内容的水印，在保持块独立算法高定位精度的同时，提高了算法的安全性；同时证明矩阵行或列互换时奇异值不发生改变，从而指出利用奇异值直接生成水印，在水印检测时发生漏检，导致篡改定位精度不高的问题。

2. 为有效解决数字图像版权保护问题，提出了两类具有良好数学基础的鲁棒性水印算法。将优化理论中具有良好学习能力和泛化能力的支持向量机和数字水印算法相结合，完成了一种基于优化理论的鲁棒性数字水印算法，利用支持向量机的回归理论建立图像像素间关系的理论模型，通过该模型利用周围像素预测目标像素值，从而通过修改目标像素值嵌入水印。将分解理论中的QR 分解引入数字水印技术中，通过分析 QR 分解后 Q 矩阵中系数的不变特性，从而通过修改 Q 矩阵第一列系数嵌入水印。两类算法均为盲水印算法，且能够有效地抵抗一系列常规的图像攻击，具有很好的鲁棒性。

3. 针对传统水印算法通过修改原始宿主图像内容嵌入水印，对图像造成不可修复性损失的问题，提出了基于奇异值分解的零水印算法。利用奇异值分解的稳定性，通过验证奇异值对算法鲁棒性的影响，选取第一个奇异值构造图像信息，并利用具有意义的二值图像作为水印图像，将其与图像信息进行运算作为保存在第三方的版权认证信息，有效地解决了传统零水印算法可视性效果不佳的问题。同时对水印容量和算法安全性进行了深入的分析。

4. 在可逆信息隐藏技术方面，针对基于差值扩展技术中差值扩展对图像像素值修改幅度过大的问题,引入了改进型对数函数,进一步缩小了差值扩展后的像素值和原始像素值之间的距离,从而有效地提高了嵌入数据后图像的质量。同时,针对传统可逆信息隐藏算法单一嵌入容量和单一嵌入方向的问题,利用图像块间的均值关系,设计了图像块类型判定准则和图像块嵌入方向判定准则,实现了多嵌入容量和多嵌入方向的目标,在增加数据嵌入容量的同时,有效地提高了嵌入数据后图像的质量。

该研究是属于图像处理、信息安全、数学等领域的交叉学科,研究成果解决了数字水印技术中存在的一些关键问题,丰富和完善了数字水印技术,对数字多媒体信息特别是数字图像的版权保护起到了积极的推动作用。

本著作的出版得到中央民族大学"985"建设经费的支持,这里一并表示感谢!

目　　录

第1章 绪 论

1.1 引言

自 20 世纪 90 年来以来，网络技术的发展产生了多种新型多媒体形式，诸如文字、图像、声音、多媒体数据等，而计算机的普及使得这些多媒体形式能够迅速地传播到世界各地。但是，网络的平民化在给人们带来信息获取的便利性和信息传输的快捷性的同时，也给人们带来了安全上的诸多问题。网络的开放和共享使得版权侵犯、信息篡改的现象时常发生，给人们的生活和社会造成了重大的影响和经济损失。作为信息隐藏（Information Hiding or Data Hiding）领域关键技术之一的数字水印技术（Digital Watermarking）凭借其有效检测数字图像完整性和有效进行数字版权保护等诸多特性引起很多研究者的关注。本著作通过对现有的数字图像水印技术进行分析从而展开研究。本章主要介绍本书的研究背景与研究动机，通过分析现有技术中存在的一些关键问题，给出了研究内容及其框架结构，努力使研究内容系统化、整体化。最后对所取得的成果进行简要的概述，并对本书的章节进行了安排。

1.2 研究背景与研究动机

中国互联网络信息中心（CNNIC）在 2009 年 7 月份发布的《第 24 次中国互联网络发展状况调查统计报告》中指出：截至 2009 年 6 月底，中国网民规模达到 3.38 亿人（图 1-1），较 2008 年底增长 13.4%，上网普及率达到 25.5%。网民规模持续扩大，互联网普及率平稳上升[1]。

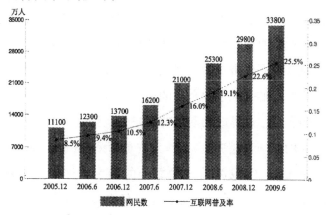

图 1-1 中国大陆网民规模与互联网普及率
Fig.1-1 The Scale of Chinese Mainland Netizens and Popularizing Rate of Internet

网民规模的扩大和网络普及率的上升表明：社会经济的发展使得人们的生活水平不断提高，对物质的需要达到一定满足后，社会交流和信息获取成了精神生活的重要成分。而网络作为媒体和交流工具，填补了人们在日常生活中信息和社会交流的空缺。网站作为网络的主要存在形式，是人们交流和学习的主要途径，其数量也正以极快的速度增长。截至 2009 年 6 月，中国的网站数，即域名注册者在中国境内的网站数（包括在境内接入和境外接入）达到 306 万个（图 1-2），较 2008 年末增长 6.4%[1]。

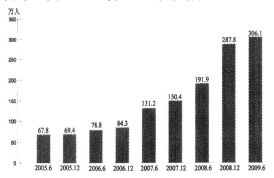

图 1-2　我国大陆网站规模变化

Fig 1-2 Scale of Chinese Mainland's Websites

网站的多媒体内容多为图像、音频、视频。据不完全统计，多媒体中的图像占据高达 98% 的份额（表 1-1），图像作为信息含量最为丰富，且是信息传递的一个有利载体，广泛应用在新闻报道、智能信息收集等网络环境中[2-4]。

表 1-1　中国互联网网页内容分类情况（按多媒体形式）

Tab.1-1 Content classification of website in Chinese internet

(according to the type of multimedia)

年份	图像	音频	视频	全国网页总数
2005年	98.75%	1.13%	0.11%	约24亿个
2004年	98.91%	0.75%	0.34%	约6.507亿个
2003年	97.9%	0.5%	1.6%	约3.118亿个

　　然而在现实生活中，随着各种高质量和高精度的图像处理设备，如高像素数码相机、高分辨率的打印机、扫描仪、复印机的出现，以及大量的图像编辑软件如 Adobe PhotoShop、Microsoft Paint、PaintShop Pro 的普遍应用，使得数字图像的获取，修改变得更加容易。这些编辑软件可以实现图像的各种编辑和处理，如图像效果处理、图像剪辑、拼接、合成等。虽然人们可以方便地从网上得到图像，但这些图像是否被篡改，是否真实和完整，却很难被用户确定。正如美国《PC》所说"只怕日后，照片再也不能符合'眼见为实'这一说了"。

　　同时网络爱好者或者政府部门常常把自己的作品或者有重要意义的图像放在网站，供人们使用或者学习，但如果有不法分子对其进行篡改或者恶意占有这些作品，网络的快速传播使得这些篡改后不真实的作品以讹传讹，必定会造成不良后果。另外，在法庭或者交通管理中拍摄的痕迹物证图片、交通违章肇事图片等有重要证据意义的图片，如果不能得到可信的来源，那么别有用心的图片提供者可以通过现有的图像处理软件对犯罪现场证据图像中的部分场景或人物进行操作和篡改，如将人物进行替换或者移除，将号码擦除等，使得看似真实的图片无法提供真实的证据。这表明了数字图像的完整性在犯罪调查、安全监控、医疗保健、法律证据、数字金融文档领域等一些非网络应用中扮演着越来越重要的角色。图像的不完整性和不真实性给大众带来了信任危机。

　　除此之外，在 2009 年 11 月中旬，25 家美国图书馆参加的全球最大"虚拟图书馆"正式启动，使得人们在网络上能够建成"人类知识的源泉"，从而可以分享庞大的藏书与资料，任何人只需一台电脑，都可随时随地免费阅览藏书。然而这些可读的主要是著作权过期的书籍，更多的图书馆仍未参与其中。究其原因，书籍的电子化版权归宿认证使得这项造福人类的计划受到一定程度的影响。在书籍电子化的著作权规则尚未完善之前，更多的图书馆担心大量的图书参与其中，将会引起较为麻烦的版权归属纠纷。

由此可以看到，社会的信息化虽然给我们带来了巨大的好处，为我们的生活带来了便利，但这种技术带来的各种各样的安全隐患也不容忽视。对于网上信息的可靠程度，网络消息的来源和去向，信息的保密性、真实性、完整性，通信对象的可信赖性，个人隐私的保护，以及辛勤劳动所创造的数字制品的版权等，都在引起越来越多人的注意。同时，侵权盗版活动的日益猖獗，知识产权保护问题和个人信息的保密成为数字制品发行业务首先考虑的问题。如何合理地鉴别数字图像的完整性，如何有效地保护数字产品的版权问题也日益成为人们关注的焦点。

信息隐藏通过把秘密信息永久地隐藏在可公开的媒体信息里，达到证实该媒体信息的所有权归属和数据完整性或传递秘密信息的目的，从而为数字信息的安全（Information Security）问题提供一种新的解决方法[5-6]。信息隐藏中的数字水印作为一种有别于传统的密码技术的新技术，一定程度上有效地维护了数字作品的版权，保护了信息的真实性和完整性，也使得用户的隐私，知识产权和财产更加安全。信息隐藏与传统的加密技术区别[7]在于，加密技术旨在隐藏所传输信息的内容，使得网络的攻击者无法得到真正的明文，从而达到保护数据的目的，加密数据在信息解密之后将不再受到保护；而信息隐藏技术是利用人在视觉、听觉系统分辨率上的局限，以多媒体数字产品为载体，将有价值的秘密信息隐藏在其中，从而掩盖秘密信息的存在，和传统的密码技术相比，信息隐藏为数字媒体提供更进一步的保护，因为含隐藏信息的载体和原始载体变化不大，这样不易引起攻击者的注意。在实际的应用中两者相互结合，相互补充。

数字图像的完整性和版权的保护在信息化战争中将会发挥着越来越重要的作用。本书旨在解决数字图像的完整性和版权归宿确认方面的若干关键问题，将以灰度图像为研究对象，通过对数字图像水印算法深入的研究，分析现有的技术特点，提出新的理论和算法，在图像完整性鉴定和篡改准确定位的图像认证方面、在鲁棒性数字水印方面取得进展，同时提出新的零水印算法和可逆信息隐藏算法。充分利用数字水印算法的特点，促进水印技术的发展，加快其实用化的步伐，引领电子商务、票务防伪、医学、法学图像的完整性认证和数字化版权归属鉴定等领域的健康发展。数字图像水印算法的研究已成为信息安全领域中的一个新兴且极其重要的研究方向，同时也是研究图像内容安全的关键技术，对其进行研究必将具有重要的理论和现实意义。

1.3　国内外研究现状

信息隐藏作为一门横跨信号处理、通信、计算机、数学、生理学等学科的交叉学科，吸引了国内外来自不同专业的研究人员的关注。20 世纪 90 年代初期，R.G..Schyndel 等人[8]在 IEEE 国际图像处理会议（ICIP'94）首次明确提出了"数字水印"概念，随后信息隐藏技术的研究便如火如荼地进行开来，有关数字水印方面的论文数量也逐年上升[9]。在我国 20 世纪末，由何德全院士、周仲义院士、蔡吉人院士等信息安全领域的著名人士与有关应用研究单位联合发起召开了我国第一届信息隐藏学术研讨会，我国的信息隐藏技术也取得一定的进步[10]。本书针对数字水印算法中的四个重要方面，即图像认证、鲁棒性数字水印、零水印算法和可逆信息隐藏存在的关键问题，详细分析了国内外的研究现状，从而引出本课题研究的主要内容以及技术难题。

1.3.1　精确定位篡改区域的图像认证技术

数字产品的完整性和真实性决定了它的应用价值。随着电子政务、电子商务技术的发展，随着网上办公、网上交易逐年递增，电子文件、电子票据的真实性、完整性、不可否认性和保密性必须得到保证。作为数字水印算法的重要分支，图像认证技术凭借其能够准确的定位篡改区域引起数字水印和图像处理学术界的浓厚兴趣。它和传统的基于密码学的数字签名[11]（Data Signature Algorithm,DSA）技术有共同点但也有本质的区别。作为一种对多媒体信息进行论证的有效手段，数字签名在 ISO7498-2 标准中定义为："附加在数据单元上的一些数据，或是对数据单元所作的密码变换，这种数据和变换允许数据单元的接收者用于确认数据单元来源和数据单元的完整性，并保护数据，防止被人（例如接收者）进行伪造。"美国电子签名标准（DSS，FIPS186-2）对数字签名作了如下解释："利用一套规则和一个参数对数据计算所得的结果，用此结果能够确认签名者的身份和数据的完整性。"而图像认证技术是指在保证一定视觉质量前提下，将数字水印嵌入到多媒体数据中，当多媒体内容受到怀疑时，提取该水印来鉴别多媒体内容的真伪，并指出篡改位置，甚至攻击类型等[12]。其共同点为：二者都是对接收到的信息的完整性和可信性进行认证；区别有如下两点：（一）前者是基于密码技术，即将明文加密成密文，使信息不可理解，隐藏了信息的内容，同时认证信息独立于原始图像而存在；后者是将认证信息隐藏在图像中，隐藏了信息的存在，不许额外存储或发送。（二）前者是对数据级的认证，即通过签名判断信息是否真实、完整；而后者更侧重于图像内容的完整性认证，是从多媒体数据所表示的语义内容的角度验证图像的完整性，即除了能够鉴别真实性和完整性以外，还能够较为准确地定位篡改区域，甚至能够得到有效的近似恢复[13]。根据图像认证的目的，可将用于图像认证的水印算法分为对篡改完全敏感的脆弱水印[14-28]和能够抵抗一定处理，诸如 JPEG 压缩的半脆弱技术[29-31]，这里我们主要针对脆弱性数字水印算法进行分析研究。

图像精确定位的一个重要的思想是通过将图像分成互不重叠的小块，然后通过验证每个小块的完整性程度来进行检测定位，这就是图像认证中的一个重要分支—基于分块独立[14-21]的信息隐藏算法。由于图像块之间相互独立，从而决定了进行篡改定位的有效性，图像块的大小即为图像的定位精度。Wong[14] 提出了一种基于块的图像认证结构，首先将图像的最低有效位（Least Significant Bits,LBS）置零，利用 Hash 函数和异或操作将图像块生成对应的水印图像块，然后嵌入该图像块中。认证过程中通过测试提取出来的最低有效位和该图像块产生的水印是否匹配来决定是否篡改，由于 Hash 函数对输入数据的极端敏感性，任何微小的改变都将检测出来，该算法完美地将加密技术和水印技术结合起来，在对待剪切攻击方面表现尤为出色。但由于该类算法的图像块隐藏水印只与本图像块相关，给算法带来了致命的安全隐患。这种基于块独立的结构很难抵抗由 Holliman[15] 和 Fridrich[16] 提出的著名的矢量量化攻击（Vector Quantization (VQ) attack，也称为 Collage Attack），攻击者通过交换同一图像的图像块或者交换使用了相同密钥的不同图像的不同块实施攻击，也可以通过获取多幅使用相同密钥或隐藏相同水印的可信图像后实施攻击。良好的定位能力和较差的安全性促使人们对基于块的图像认证水印算法进行改进，Wong 和 Memon[17] 等人通过在 Hash 函数的输入中增加图像的编号和图像块的编号的方式来抵抗矢量量化攻击。丁科等人[18] 基于图像内容，将图像的像素值映射成混沌的初始值产生水印，嵌入最低有效位。张小华等人[19]给出了三种基于混沌系统的脆弱型数字水印技术，充分利用混沌系统对初值敏感和伪噪音等特性，使得相同子块在不同混沌状态下可能隐藏不同的水印信息，从而克服 Holliman 攻击和矢量拼贴攻击，有力地增强了脆弱型水印技术抵抗恶意攻击的能力。陈帆等人[20]利用奇异值生成的水印进行篡改定位检测。和红杰等人[21]利用混沌系统提高算法的安全性。

基于分块独立的图像认证水印算法具有很好的篡改定位精度，改进的分块独立算法利用图像的相关内容生成水印增加算法的安全性。为抵抗矢量量化攻击，同时保持块独立水印良好的篡改定位能力，很多基于块相关的图像认证水印算法[22-25]被提出，即把图像块内容生成的块水印由嵌入自身最低有效位改为嵌入对应图像块的最低有效位，这样如果在不知密钥的情况下，很难知道图像块的相互关系，从而来有效抵抗矢量量化攻击。例如 Lin[22]建立图像块一一对应的关系，将图像块生成的水印嵌入另一图像块中，这种一一对应的技术虽然能够提高算法的安全性，但是定位精度却降低了。当其中的一个图像块被篡改后，另一个图像块由于无法进行鉴别而被误判为篡改区域，从而产生虚警。Coppersmith[23]利于图标图像块和领域图像块之间的关系产生水印，然后嵌入目标图像块的最低有效位中，该算法的篡改定位精度亦不高。Liu[24]随机选择图像块建立对应关系，将两图像块产生的水印和自身产生的水印结合起来嵌入自身的图像块中完成篡改定位检测，该算法能够有效抵抗矢量量化攻击，也具有分块独立的定位精度，但图像块的过大或过小都会带来安全上的问题。和红杰等人[25]利用以混沌初值为密钥生成混沌序列，根据混沌序列的索引随机生成图像块水印的嵌入位置，更进一步提高了算法的安全性。

基于层次分级结构的图像认证水印的提出满足了不用应用需求不同篡改定位精度的要求[26]。算法在最低级子块的最低有效位中嵌入自身的水印信号、四分之一的高一级子块水印信号、十六分之一的高二级子块水印信号，以此类推，而且每一级水印信号的长度不能太低，否则易受到另一个著名的生日攻击[27]。张宪海[28]将滑动窗口技术和层次结构联合起来嵌入水印，篡改定位精度可控制到 2×2 大小的像素块。

图像认证技术的另一个重要研究领域即当图像被篡改后，可根据隐藏在其中的认证信息进行恢复，于是产生了很多能够近似恢复的图像认证水印算法[32-39]，张鸿宾等人[32]把图像块的主要 DCT 系数经过量化、编码和加密后，嵌入另一个图像块的最低位之中，依据大量图像 DCT 量化系数的统计性质设计了主要 DCT 系数的编码表，使算法既能满足水印负荷的要求，又能保证图像恢复时有较好的质量。Lin[33]设计出基于层次结构的水印嵌入和恢复策略，但很快被 Chang[34]攻破，Lee[38]通过嵌入双水印来控制篡改的检测，同时采用 Push-aside 操作和滑动方程(Smooth Function)来提高嵌入后图像的质量，Yang[39]将 VQ 压缩的索引值代替 Lee[38]

方法中的均值来提高图像的质量，但后者需要将 VQ 压缩的码本作为额外的数据进行保存传输。

综上所述，水印的安全性和篡改定位精度是图像认证水印算法需要解决的两个关键问题，通过分析研究已有图像认证水印算法的优缺点，如何有效地提高篡改定位精度的同时提高算法的安全性是图像认证水印算法的研究重点。

1.3.2 版权归属认证的鲁棒性数字水印技术

鲁棒性数字水印技术[40-91]主要用来进行数字产品的所属认证和版权保护。该类算法要求图像在遭受一定程度的失真后能够有效地提取出所嵌入的水印。到目前为止，鲁棒性数字水印算法基于嵌入水印时所采取的方法可分为：基于空域鲁棒性数字水印算法[40-41]，基于变换域鲁棒性数字水印算法[42-48]，基于压缩域鲁棒性数字水印算法[49-51]，基于优化理论的鲁棒性数字水印算法[54-73]和基于分解理论的鲁棒性数字水印算法[77-91]。空域算法即水印的嵌入和提取在空间域中通过直接或间接修改像素值进行，变换域算法多利用诸如离散傅里叶变换（Discrete Fourier Transform, DFT）[42-43]，离散余弦变换（Discrete Cosine Transform, DCT）[44-45]，离散小波变化 （Discrete Wavelet Transform, DWT） [46-48]等变换技术将图像由空域变换到频域中嵌入水印。基于压缩域的水印算法主要是针对 JPEG 压缩图像[49]和对矢量量化编码码书进行处理的图像水印算法[51-52]。基于优化理论的水印算法将诸如遗传算法

（Genetic Algorithm, GA）[54]、神经网络(Neural Networks, NN)[55-58]、粒子群优化算法（Particle Swarm Optimization, PSO）[59-60]和支持向量机（Support Vector Machine, SVM）[61-74]等优化理论引入图像水印算法中，凭借其良好的泛化性能进行水印的嵌入和提取。另外一类较为重要的算法是基于分解理论的水印算法[77-91]，分解理论拥有良好的数学基础，为该类算法提供了一定的理论基础。很多水印算法将多种类型结合在一起，利用人类视觉系统（Human Visual System, HVS）、量化理论、统计模型等来提高算法的鲁棒性[52-53]。结合本著作的研究范围，我们将重点讨论分析基于优化理论的鲁棒性水印算法和基于分解理论的鲁棒性水印算法。

1.3.2.1 基于优化理论的鲁棒性水印算法

随着模式识别中优化技术的发展，越来越多的研究者将优化算法应用于数字水印技术中，基于神经网络[55-58]的数字水印算法，选择合适的特征向量作为神经网络的输入从而进行监督性的学习，然后不断地调整参数，把训练好模型作为模板，选择嵌入水印的向量，通过训练模板进行新的预测，并将输出和实际的数值进行比较嵌入水印。如 Davis[55]等将小波变换与神经网络结合起来，产生自适应于图像内容的水印，Zhang[56]提出了一种基于Hopfield 神经网络的盲水印算法，并对水印的容量和神经网络的关系进行了深入的分析。张新红[57]利用 Hopfield 神经网络记忆宿主图像以及原始水印信息，提取时利用神经网络从嵌入水印的图像中联想出宿主图像和水印嵌入信息，再利用含水印图像和联想出的宿主图像提取出水印。Wang[59]用阈值选取小波系数，然后将水印嵌入该系数中，水印通过粒子群优化算法提取，获得较好的鲁棒性和图像质量。Zheng[60]在整数DCT域中将HVS和PSO结合起来提出了一种鲁棒性较好的水印算法。但是神经网络易产生过学习现象，且隐层的节点数需要根据经验得出，无统一的数学基础。

支持向量机凭借良好的泛化性能以及回归，分类等特性深受研究者的青睐。嵌入宿主图像的水印一般为二值序列，例如0、1或者1、–1，水印通过确认提取模式所属类型进行提取，这和支持向量机的分类思想较为相似。于是很多学者将水印提取过程作为分类问题来看待[61-67]。Vatsa[62]将脸部图像通过离散小波变换隐藏在指纹图像中，SVM被用来提高隐藏在图形中生物信号的识别率。Tahir和Khan[63]针对信道噪声和JPEG压缩，利用支持向量机的分类性能提高水印的检测率。Tsai[65]将训练出来的数据和Logo共同作为水印的方式进行嵌入，这样可以在接收端通过密钥选取位置，从而有效地控制输入模式的训练位置和提取位置。文献[66]通过嵌入额外的参考水印训练SVM，从而提取出所含的水印，增强算法的鲁棒性。对于自然图像来说，像素间存在很高的相关关系，这种相关关系被支持向量机训练从而得到很好分类模型，这种输入模式一般为相邻关系、对角关系和行列关系。Knowles[61]和Fu[66]均采用了领域间的像素关系，Tsai[65]采用了将三种形式联合起来的输入模式。对于彩色图像，其 R、G、B 三通道中蓝色对亮度影响最小（$L = (0.299, 0.587, 0.114)(R, G, B)^\mathrm{T}$），因此基于 SVM 的彩色图像数字水印算法中一般在蓝色通道中利用 SVM 进行水印的嵌入和提取[65-66]。

　　基于回归理论的数字水印算法的基本思想为：选取一定位置的像素值为目标像素值，然后利用支持向量机建立目标像素值和周围像素值之间的关系模型，基于此模型对目标像素值进行回归预测，得到新的目标像素值，将两者进行比较，修改目标像素值从而嵌入水印[68-72]。文献[69-72]中在嵌入时采用中心像素作为目标值，其周围像素组成一个向量的形式进行回归分析，然后通过调整中心像素值的方法嵌入水印。在水印的嵌入过程中，通过选取能够代表图像内容和信息的量作为输入向量。文献[68-69]通过大量实验测出了选择数据集的大小和参数对预测错误率的影响，给出了一个大概的参数范围，文献[71]采取文献[58]的方法，测得模型的输出值与目标值之间的绝对值的平均值可限制在 3，纹理较复杂的一般会超过 10，但该算法不对图像进行分块，通过对选取的像素点进行回归分析，最后通过修改目标像素值进行嵌入，但如果选取的训练点相离很近时，互相的修改对另一个相邻像素的预测产生影响，在提取过程中会影响提取的准确率。在文献[72]中，由于图像距能够很好地反映整个图像模式，采用图像距的形式，通过研究 RST 攻击，即旋转、缩放和平移，从而利用三个基本信息进行训练以抵抗基本攻击。文献[73]利用 Pseudo-Zernike

矩和 Krawtchouk 矩几何不变特性，首先将图像从几何坐标系转换到极坐标系中，然后计算图像的低阶 Pseudo-Zernike 矩，通过量化所选取的 Pseudo-Zernike 矩嵌入水印，水印的提取过程通过 SVR 训练几何变换的参数，将 Krawtchouk 矩作为特征向量输入训练好的模型预测失真后的参数，通过将失真的图像进行矫正后提取所含的水印。矩理论和优化理论的采用，不仅能有效地抵抗常规的图像处理，而且对几何攻击较为有效。

1.3.2.2 基于分解理论的鲁棒性水印算法

奇异值分解作为一种有效的数值分析技术在数据建模、图像处理、数据挖掘等领域有较多应用[74-76]。凭借其良好的性能，到目前为止，也有较多的基于SVD的鲁棒性水印算法。

Liu和Tan[77-78]首先将图像进行SVD分解，水印信息作为扰动向量通过修改奇异值向量进行嵌入。提取过程中，将含水印图像的SVD分解的基空间域奇异值向量重构得到加入水印的图像，该算法在水印提取过程中需要原始图像的参与。但该类算法被Zhang XP[79]等人认为存在较大的缺陷，他们利用矩阵知识进行了一定程度的理论分析，得出由于图像的奇异值向量所在的基空间（特征图像）是由图像本身内容决定，奇异值反映的是图像在不同特征图像下的亮度信息，而另外两个正交矩阵反应图像的几何结构，图像与奇异值之间并不存在一一对应关系，因此该算法的虚警率很高，并进行了相应的实验验证。同时 Roman Rykaczewsk[80]也利用特征图像的概念对此结论进行了更为详细的分析。Xing等 [81]

对该问题也有较多分析。另外，Gorodetski[82]等人提出了基于SVD的两种不同量化方式的鲁棒性水印算法，一种是量化每个图像块SVD分解后的最大的奇异值，另外一种是量化奇异值矩阵的欧氏范数改变每个图像块的每一个奇异值。Bao等人[83]将Gorodetski算法引入小波域中，通过量化步长的统计分析模型，得到了一个基于SVD和DWT的自适应的水印算法。Chandra[84]通过将水印图像的奇异值添加到载体图像的奇异值中完成水印嵌入。周波等人[85]凭借奇异值分解的几何不变特性给出了几种几何失真对图像奇异值的影响。Ganic[86]首先将图像进行一级小波分解，然后通过修改每一个子带的奇异值嵌入同样的水印，从而提高算法的鲁棒性。

Sun[87]提出了一种基于量化和 SVD 的水印算法，在水印的嵌入过程中 D 阵中的较大系数被量化从而嵌入水印，提取阶段通过比较量化提取出所含的水印。考虑到 D 阵为一个对角阵，可嵌入数据较少，针对 Sun 的算法，Chang[88]等人提出了一种基于分块理论的 SVD 的鲁棒性水印算法,该算法利用修改正交矩阵代替传统的通过修改奇异值的方式嵌入水印。算法系统地分析了水印嵌入前后正交矩阵的变化，得出利用正交阵嵌入水印具有很高的稳定性。通过分块后图像块奇异值矩阵非零系数的数量，即该矩阵秩的大小来衡量矩阵图像块的复杂度，数量多的矩阵对应的图像块较数量少的矩阵对应的图像块更适合嵌入水印。算法同时分析了奇异值分解后的正交 U 阵的第一列系数的变换程度，提出了新的水印算法，获得了较好的鲁棒性。基于该模型，又出现了较多基于 SVD 的水印算法：Chung[89]等人通过对 SVD 分解的分析提出了两个观点：①对于 SVD 分解中的 U 矩阵，修改其列向量的系数比修改行向量的系数引起的失真要小。②对于另一个正交阵 V^T，修改行系数要比修改列系数产生的失真小。算法通过分别修改 U 矩阵和 V 矩阵进行了比较，表明该算法在提高水印不可见性上的优势，Fan 等人[90]在 Chung 等人的基础上利用扰动矩阵分析和 Frobenius 理论更进一步指出，正交矩阵 U 的列系数被修改后，如果再次修改 V 矩阵的列系数进行补偿，能够有效地提高嵌入水印后图像的质量，并给出了四个补偿公式。另外，张建伟[91]等人在 Chang 等人的算法基础上提出了一种小波域分块奇异值分解的自适应水印方案，将水印嵌入载体图像经小波域奇异值分解后生成的正交矩阵第一列系数中，通过实验选择最佳的相邻系数，并采用图像的局部统计特征自适应决定修改阈值，控制系数的修改幅度，从而使算法达到透明性和鲁棒性之间的平衡。

综上所述，优化理论和分解理论具有很强的数学基础，如何将这些理论和数字水印算法结合起来，用其良好的性能指导水印嵌入和提取算法的设计，从而满足鲁棒性数字水印算法的要求是值得深入研究的。

1.3.3 对宿主图像无失真的零水印技术

用于图像完整性认证的图像认证水印算法和基于各种数学基本理论的鲁棒性数字水印算法都是通过直接或者间接修改图像的

内容嵌入水印，水印提取或者检测过程中再采用和嵌入过程相同或者相逆的步骤提取，载体图像或多或少受到一定程度的失真。然而，对于一些敏感的图像，诸如远程医疗图像、实时遥感图像等，由于其细节像素的重要意义，图像任何像素的变化对图像造成的失真，都会影响医生或者遥感专家做出判断，同时大量该种类型数字图像的存在必然会涉及版权问题。那么，能不能有一种技术，既能不修改载体图像，又能对其进行保护呢？这就是温泉等人在文献[92]中提出了零水印技术。零水印技术指不修改图像的任何特征，只利用图像的重要特征来构造水印信息，并将其保存在第三方 IPR（Intellectual Property Rights）的数据库中，这种不修改原图任何信息的水印称之为"零水印"。零水印以无失真修改宿主图像且算法简单有效而著称。目前已有一些零水印方案存在[92-100]，温泉[92]采用的高阶累积量提取图像特征来构造水印，但该高阶累积量使算法复杂，计算量稍大。Wang 提出了一种基于匹配追踪技术的零水印算法[94]。 胡裕峰[94]对图像进行主成分分析，然后根据信号分布的特征，将最重要的数据分量经过混沌序列随机置乱后，比较相邻系数的大小构造零水印。杨树国[95]通过判断小波系数所处的区间位置来确定零水印，如果低频小波系数相对比较接近时，提取的水印误差较大。高仕龙[96]将二元树复小波变换（DT-CWT）和奇异值分解结合起来提出了一种自适应的图像零水印算法，其核心思想是自适应选取 DT-CWT 的两个低频系数矩阵的奇异值，做归一化处理后构造零水印。向华[97]根据小波变换后低频子带部分小波系数的特征，采用混沌法随机抽取小波系数，提出了一种基于混沌调制的图像零水印算法。然而，以上这些算法均存在一些问题：

1.零水印方案以保存二进制的无意义序列为注册中心的水印[94,95]，这样的水印由于缺乏可视性而容易引起争端，单凭相似度进行版权归属认证缺乏依据；文献[94]将小波低频系数转化成的二进制序列与置乱后的灰度水印图像转化成的二进制序列进行取反操作，然后进行移位运算，将得到的二值序列每八位作为一个像素值，保存在注册中心，为水印图像可视化提供了一个全新的思路，在视觉上有了很大提高；然而算法将处理后的灰度图像存储在注册中心，对于版权所有者来说，存储数量之大带来的存储费用之高让数字版权保护失去了意义。

2.用混沌系统拟合水印保存相应的密钥，思路可行，但实现起来复杂度较高，不适合实际操作；文献[95]和文献[97]用密钥控制Logistic映射，以固定的步长搜索出与特征水印相同的二值序列，使得密钥的保存更加简单。然而对于大量的数字图像来说，图像的信息不同导致水印二值序列不同，每次都采用相同的方法和步骤控制Logistic映射进行搜索，增加了算法实时处理的时间，这给高效处理带来了很多困难。

3.零水印方案中没有考虑注册中心的二值序列的分布问题。安全的水印图像中0和1分布应该均匀，且杂乱无章，从而保障水印在注册中心的安全性。如果零水印方案均是0或者均是1，纵然可以提高水印的检测效率，相似度很高，也无法说明版权的所属性，且没有安全性可言。文献[96]用阈值的方法调整0或者1的比例，使两者个数尽可能相等，但阈值的选择对0和1比例影响较大，不易把握。

4.现有算法通过选择阈值的方式判断水印相似度最终确定版权所属，不够精确，且阈值的选择很难确定，一定程度上影响了水印虚警和漏警的存在。

另外，文献[96]对DT-CWT域内的图像块进行奇异值分解，选取第二、第三、第四个特征值构造水印，图像块的大小最少为 8×8 ，对水印容量造成影响。

综上所述，基于图像块技术的水印容量应该选取多少才能和安全性之间达到均衡的问题，到目前为止很少有文献进行说明。同时水印的可视化、安全和容量之间关系亟待解决。

1.3.4 宿主图像可完全恢复的可逆信息隐藏技术

可逆数据隐藏利用可逆变换将数据嵌入宿主图像中，在接收端利用逆变换提取出所嵌入的数据信息并恢复出原始图像。可逆隐藏技术根据嵌入的数据种类不同，可分成信息伪装技术（Steganography）和数字水印技术[101]。可嵌入的数据和原始宿主图像无任何关系时，是信息伪装技术；当嵌入数据和原始宿主图像有关，则是数字水印技术。可逆信息隐藏技术需要解决的技术目标为[106]：增加嵌入容量，研究具有可逆特性的变换和降低数据嵌入带给原始宿主图像的失真，算法不考虑安全性和嵌入数据的类型（即不考虑可逆信息隐藏技术所属类型），同时在无攻击、无干扰情况下进行数据的嵌入和提取。算法性能指标通常为综合评价指标[101-117]，即嵌入数据量的大小（一般采用嵌入比特率）和嵌入数据后图像质量（峰值信噪比）之间的关系，通过比较不同比特率条件下的图像质量对算法进行衡量。因此，对于可逆信息隐藏算法的研究，我们不考虑嵌入数据的类型，只对嵌入数据的容量和图像的质量进行深入的讨论。

可逆数据隐藏概念最早由 Honsinger[102]等人于 1999 年提出。到目前为止大体可分为三类算法：基于差值扩展的算法（DE: Difference Expansion）、基于预测误差的算法（PE: Prediction Error）和基于直方图平移的算法（HS: Histogram Shifting）。

差值扩展算法由 Tian[103]提出，是一种利用像素间的相关特性，通过可逆整数变换对像素差值进行扩展嵌入数据，算法单层嵌入比特率的理论值为 0.5bpp，但不同纹理图像其嵌入比特率不同。该算法简单且有效的特性引起了广大学者的研究，出现了很多基于差值扩展的新算法[104-108]。Alattar[104]等人改进了差值扩展法（IDE: Improved DE），用向量代替像素对进行差值扩展。如将三个相邻像素作为一个向量嵌入 2bits 的信息，理论上嵌入比特率可达 2/3bpp，如果将 n 个相邻像素作为一个向量，可嵌入 $n-1$ 比特的数量，嵌入比特率高达 $(n-1)/n$，但图像质量也随之下降较快。该类算法大多通过行扫描或者列扫描进行嵌入，没有考虑行列之间的区别。Hu[105]等人利用整数小波变换，通过阈值选择水平或竖直两个方向进行嵌入，一定程度上利用了行列像素间的相关性。Hsiao[106]等人通过计算图像块的方差预测图像块的类型，且对图像进行多方向嵌入，其辅助信息采用 LSB 替代（Least Significant bit Substitution Method）的方法进行嵌入，有用像素对的 LSB 需要保存，且辅助信息产生新的位图信息仍需要通过多次查找和比较才能完全嵌入。Lou[107]等人为了进一步减小差值扩展给图像带来的误差，将对数函数引入，提出了一种 RDE（Reduced DE）可逆水印算法，其嵌入数据后对图像造成的误差较小，作为辅助信息的位图在数据嵌入时需要保存。Hu[108]设计的新的嵌入模板能够有效地对位图信息进行压缩，从而提高了算法的数据嵌入容量。

基于预测误差的数据隐藏算法[109-12]通过相关的预测机制利用周围像素对目标像素值进行预测，从而将预测的像素值和原始像素值进行比较，通过平移两者之间的误差嵌入水印，该类算法较为有名的是 Thodi[109]的预测误差嵌入算法。常用的预测器还有水平预测器、垂直预测器、Causal SVF 和 Causal WA 预测器[110]等。Hong[111]等人对 MED（Median Edge Detection）预测算法进行了改进，提出了基于修改预测误差 MPE（Modified PE）算法，一定程度上提高了数据的嵌入容量。然而 MPE 的数据嵌入量受到了图像内容的严重影响，只能在嵌入预测误差为-1 和 0 的目标像素中嵌入数据。Weng[112]等人提出了 PEA（PE Adjustment）预测器将差值扩展和预测误差结合起来，有效地提高了嵌入数据后的图像的质量。

基于直方图平移的数据隐藏算法[114-117]通过直方图的零点（Zero Points）和峰点（Peak Point）对直方图平移，从而为数据嵌入提供一定的冗余空间。Lin[115]等人将图像的差值直方图代替原始宿主图像的直方图，从而希望产生更多的峰点和零点，同时利用多层嵌入解决数据嵌入容量问题。但该类方法更多地依赖图像直方图或者差值直方图中峰点和零点的数量，数据嵌入容量受到限制。

综上所述，研究可逆变换从而有效提高嵌入比特率和降低嵌入数据对原始宿主图像造成的失真是可逆嵌入技术的目标，图像由于纹理不同存在平坦和非平坦的区域，平坦区域应该相应的多嵌入数据，而在复杂区域嵌入数据将会造成较大失真。因此选择一种合适的方式对图像块的类型进行判断，从而嵌入不同量的数据，理论上能够提高嵌入数据后图像的质量。另外，传统的算法对图像进行单向数据嵌入，即逐行进行嵌入或者逐列进行嵌入，没有考虑图像行列之间的关系，也一定程度上影响了图像的质量。因此，在数据嵌入过程中，如何减小嵌入算法对图像造成的失真是重要的研究方向，同时寻找合适的块分类准则和方向判断准则，在提高算法可嵌入比特流的同时，提高算法的质量也是值得深入研究的课题。

1.4 本书的研究内容及其框架结构

本书在分析和比较现有算法的基础上，针对数字水印技术的特点和存在的关键问题，从以下 4 个方面进行算法的研究：

（1）图像认证水印算法（Image Authentication）

（2）鲁棒性数字图像水印算法（Robust Digital Image Watermarking）

（3）零水印数字图像水印算法（Zero-bit Digital Image Watermarking）

（4）数字图像的可逆信息隐藏算法（Reversible Data Hiding）

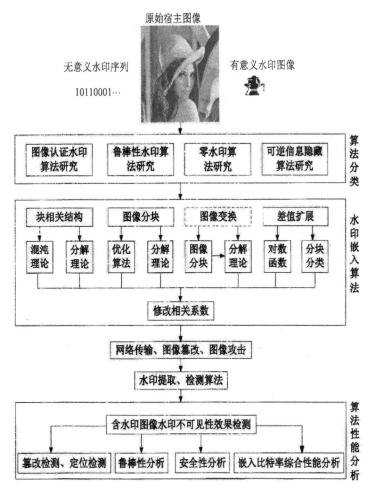

图 1-3　本书基本研究内容及其框架结构

Fig.1-3 Research contents and basic structure of this book

图 1-3 给出了本书详细的研究内容及其框架结构。作为数字水印算法的四个重要方面，图像认证技术解决了图像的完整性认

证，对受保护的图像在篡改情况下做到有效检测并准确定位；鲁棒性数字图像水印算法利用数学理论知识保护数字图像的版权；零水印数字图像水印算法改变了传统的通过修改图像内容嵌入水印的做法，利用图像的特征构造水印，在不造成图像任何失真的情况下进行有效的保护；数字图像的可逆信息隐藏算法通过可逆变换进行数据的嵌入和提取，对原始载体图像进行无失真恢复。对这些关键问题进行研究具有重要的理论意义和现实意义。本书以此为研究对象，结合实际应用，对这些关键问题进行深入细致的分析，并将研究成果应用于或服务于以后更进一步的研究。

1.5 本书的研究情况

1.5.1 研究目标

依据以上对数字水印算法中存在的关键问题的深入分析和研究，制定了本书的研究目标：

1.在图像认证水印算法方面，针对传统算法中存在的问题进行更进一步的研究，提出新的算法，解决定位精度和安全性之间存在的问题；

2.将数学基础理论知识引入鲁棒性数字水印算法中，提高算法的鲁棒性；

3.提出新的零水印算法，解决水印可视效果不佳的问题，并对水印的容量和算法的安全性进行分析；

4.利用新的数据嵌入方法减少信息隐藏后图像的失真，同时提出新的算法解决图像质量和嵌入容量之间的平衡问题。

1.5.2 研究成果综述

本书以数字图像为研究对象，在查阅大量国内外研究资料以及国内外专家通过各种各样的方式交流求教的基础上，解决了当前数字水印技术中存在的一些问题。取得的研究成果总结如下：

1. 提出了基于混沌系统—猫映射的循环结构的图像认证水印算法和基于奇异值分解和伪随机循环链的图像认证水印算法。基于猫映射的循环结构和传统的层次结构，块相关结构一样能够对图像的篡改区域进行有效的定位，同时和传统的块相关结构相比，提高了篡改后图像的定位精度。利用 Logistic 映射的初值敏感性创建伪随机循环链结构，并用图像块的奇异值构造块水印，使得生成的水印和图像内容相关，从而能够有效地抵抗矢量量化攻击；算法证明了矩阵行列互换时，奇异值不发生改变的特性，解决了传统算法中基于奇异值分解图像认证算法的安全性不高的问题。

2.提出了基于优化理论即支持向量机的鲁棒性数字水印算法和基于 QR 分解的鲁棒性数字水印算法。分析了支持向量机回归理论和分类理论在数字水印技术中的应用研究，利用支持向量机对像素间的关系进行回归预测，实现了水印的嵌入和有效的提取。将 QR 分解引入鲁棒性数字水印算法中，分析了 QR 分解中的 Q 阵和 R 阵对图像的影响，验证了利用 Q 阵的不变特性进行水印嵌入的可行性，从而提出了新的基于 QR 分解的鲁棒性水印算法。

3.改变了传统通过修改图像内容进行版权保护的做法，描述了一种基于混沌理论和奇异值分解的零水印方案；利用了 Logistic 混沌系统的初值敏感性映射信息隐藏的位置，增强了算法的安全性；采用了奇异值的稳定特性构造注册中心的水印，保证了在不改变宿主图像任何信息的同时进行有效的版权保护；将有意义的二值图像作为水印图像，解决了传统零水印方案中的水印为无意义二值序列的问题；同时深入分析了水印容量和算法安全性之间的关系。通过对标准测试图像、卡通、医学、风景、遥感、诗画等图像进行实验测试以及和其他算法比较表明，该算法简单有效，适用性强，而且对滤波、噪声、JPEG 压缩、剪切等攻击表现出了较强的鲁棒性。

4.提出了基于对数函数的可逆信息隐藏算法和基于块分类和差值扩展的可逆信息隐藏算法。对数函数的引入，有效地解决了水印的嵌入对图像造成较大的失真的问题。利用差值扩展变换过程中图像块间的均值关系这一统计特性进行图像块分类，从而根据类型嵌入不同数量的水印，同时方向判断准则解决了传统算法单一嵌入方向造成图像失真较为严重的问题。在提高嵌入容量的同时，有效地提高了图像的质量。

1.6 本书章节安排

本书主要就数字水印技术中的几个关键点逐一展开研究,本书共分为七章,各章内容安排如下:

第一章绪论介绍了本书的研究背景和数字水印技术的研究现状,同时概述了本书的研究内容、研究目标和研究成果。

第二章综述相关工作,分析了数字水印的框架结构,内容包括水印的生成算法、水印的嵌入算法,水印的提取算法和检测算法,以及数字图像水印技术的基本要求,同时对本书所用到的算法评价指标进行了说明。

第三章针对图像认证领域中的定位精度和安全性不高问题,研究了基于混沌猫映射的循环结构图像认证水印算法和基于奇异值分解和伪随机循环链结构的图像认证水印算法,分析了两种结构对算法定位精度和安全性的影响。

第四章在研究了优化算法中神经网络的基本理论和支持向量机的回归以及分类理论,提出了基于支持向量机回归理论的鲁棒性数字水印算法。同时将 QR 分解理论引入数字水印算法中,分析了 QR 分解理论在数字水印算法中应用的有效性。

第五章研究了数字图像零水印算法,分析了奇异值分解的稳定性和奇异值对算法鲁棒性的影响,验证了将二值图像作为水印的有效性。

第六章证明了像素对差值扩展前后像素值的大小关系和像素间的关系保持不变的特性，分析了对数函数嵌入数据后对图像质量的影响。同时，利用图像块间的均值关系设计了图像块类型判断准则和数据嵌入方向判断准则，解决了单方向、单嵌入容量嵌入数据对图像质量造成影响的问题。

第七章对全书进行了总结，并对下一步的研究进行了展望。

第2章 相关工作综述

2.1 引言

数字水印技术发展到今天，尚无理论上的框架结构，本章对常用的数字水印系统框架结构，包含水印的生成算法，水印嵌入算法，水印的提取算法和检测算法进行分析，对数字水印算法的要求，包括不可见性、鲁棒性和安全性及其各自的评价标准进行说明，以此能有效地指导后面几章水印算法的基本研究结构。

2.2 数字水印的基本框架结构

到目前为止，数字水印系统没有固定的理论框架结构，但通常可由三部分组成：水印生成算法（Watermarking Generation, G）、水印嵌入算法（Watermarking Embedding, Em）、水印提取算法（Watermarking Extraction, Ex）或水印检测算法（Watermarking Detection, D）（图2-1）。接下来我们对每一步进行详细的分析和研究。

图 2-1 数字水印算法框图

Fig.2-1 Watermarking Algorithm Scheme

为了使本书所用的符号规范化、统一化，本书所用到的一些变量和基本符号有如下对应关系：

（1）原始图像：I_0，含水印图像：I_w，待检测图像：I'

（2）水印图像：W，单个水印：w_i

（3）混沌序列：L，单个序列：l_i

（4）原始图像大小：$M \times N$；图像块的大小为：$r \times s$

（5）水印图像大小：$m \times n$；

（6）密钥：K，k_1，k_2

同时为了说明算法的有效性，本书用了较多类型的测试图像，包括标准测试库中的图像，如 Lnea, Peppers, Baboon, Plane, Goldhill, Lake, Couple, Milk-drop, Boats, Bridge, Plastic, Bubbles, Bark, Straw, USC Texture Moasic, Brick Wall，另外还有医学眼底图像、遥感图像，同时生活中常见的卡通图像、自然风景图像、诗画图像等也被用于测试算法的性能，从而说明本书中研究的算法具有一定的理论和现实意义。

2.2.1 数字水印的生成算法

数字水印生成是水印系统的第一个关键步骤，其生成过程是由原始版权信息、认证信息、保密信息或其他相关信息在密钥控制下生成适合于嵌入原始载体信息的水印信号的过程。水印信号按照其内容形式，通常有两种情况组成：一种是无意义水印信号，一种为有意义水印信号。

2.2.1.1 无意义水印

无意义水印信号一般由伪随机数发生器（PRNGs：Pseudo-Random Number Generators）或者混沌系统（Chaotic System）生成的伪随机序列，这样的水印序列与原始载体无关，具有某种统计特征，在水印检测过程中能够基于这种特性采取特殊的水印检测器进行检测。另外一种无意义水印信号与图像内容有关，即将图像的特征与伪随机序列通过运算的方式生成无意义的伪随机水印信号，这种水印结合了图像的特征，一定程度上更适合载体的嵌入，在增强算法抵御攻击的能力的同时，避免了在检测过程中需要额外提供原始水印信息的弊端。

$$G : f(\mathbf{K}) = \mathbf{W} \quad 直接由密钥控制混沌系统或PRNGs产生水印$$
$$(2-1)$$

$$G : \mathbf{I}_0 \times \mathbf{K} = \mathbf{W} \quad 由密钥和原始宿主信息共同控制产生水印$$
$$(2-2)$$

2.2.1.2 有意义水印

有意义水印信号通常用一定意义的文字、图像（例如 Logo）等作为水印信息，这种直观的表达方式能够携带更多的信息，同时能够增强版权标识的可视性，一定程度上比无意义水印序列更具说服力。一般先将其处理，如置乱等，变成看似无意义的混沌序列后再嵌入原始宿主图像中。原因有二：1.直接将二值图像嵌入宿主图像中，如果攻击者通过收集足够多的宿主图像就能获得相同的水印图像，在图像认证技术中，很容易受到矢量量化攻击；2.攻击者一旦得到具有可视性的二值图像时，版权保护者的所有信息将暴露无遗，攻击者很可能利用该信息进行欺骗或攻击等，从而给版权保护者造成不必要的损失。因此，一般采用两种方式进行水印图像预处理，一种利用密钥控制二值图像生成看似无意义的水印信息，二是将图像信息和原始水印信息在密钥控制下产生新的水印信息，增强算法的安全性。

$G : W \times K = W'$ 由二值图像信息与密钥控制产生水印

$$(2-3)$$

$G : W \times K \times I_0 = W'$ 由二值图像、原始宿主图像和密钥控制产生水印

$$(2-4)$$

为了测试算法的有效性，本书第三章、第六章采用了无意义水印信号，其中在第三章图像认证水印算法研究中，由 Logisitic 混沌序列与原始宿主图像进行运算，产生了用于图像完整性认证的认证信息；第六章直接由 Logisitic 混沌系统产生的混沌序列通过阈值量化的方式产生二值序列作为嵌入载体的数据。而第四章、第五章选用了三种可视性效果较好的有意义的二值图像作为水印图像，分别为文字"水印"、"饮水思源"标识和"博学慎思"。如图2-2。

(a)水印图像1　　　　(b)水印图像2　　　　(c)水印图像3

图 2-2 　本书所用的有意义水印图像

Fig.2-2 Watermark Images Used in This Dissertation

2.2.2 数字水印的嵌入算法

水印嵌入算法（图 2-3）是在密钥的控制下，通过一定的嵌入准则将生成的水印信息嵌入到原始宿主图像中，可简单描述为：

$$Em : I_0 \oplus W = I_w \quad 其中 \oplus 表示叠加操作，截断操作或者量化操作 \qquad (2-5)$$

嵌入算法根据所基于的域分成空域嵌入算法、变换域嵌入算法和压缩域嵌入算法。空域嵌入算法通过对图像的像素值直接处理的方式嵌入水印，变换域嵌入算法先将原始宿主图像经过诸如离散余弦变换、离散傅里叶变换或者离散小波变换将水印嵌入到变换域的相应系数中。随着信息传递的快速性要求，通常要对放入网络传输中的图像进行压缩，所以为了提高对应压缩算法的鲁棒性要求，基于压缩域的水印嵌入算法将水印嵌入到压缩变换过程中的各种系数中。

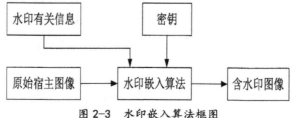

图 2-3 　水印嵌入算法框图

Fig.2-3 Watermarking Embedding Algorithm Scheme

数字水印嵌入算法中较为经典且常用的嵌入准则为：加性嵌入准则和乘性嵌入准则：

$$Em : x_i' = x_i + aw_i \qquad 加性嵌入准则 \qquad (2\text{-}6)$$

$$Em : x_i' = x_i(1 + aw_i) \qquad 乘性嵌入准则 \qquad (2\text{-}7)$$

其中 x_i 表示原始像素值或者由原始图像经过一定的变换产生的特征变量，a 为嵌入因子，随不同的宿主图像取不同的数值，从而调整水印嵌入后图像的质量和算法鲁棒性之间的平衡。w_i 表示水印，x_i' 表示由 x_i 嵌入数据后的像素值或者特征变量。另外还有很多嵌入准则，例如位平面替换、统计特征嵌入，直方图修改、量化等嵌入方式。

2.2.3 数字水印的检测和提取算法

作为数字水印系统的另一个关键部分，数字水印的检测和提取算法与水印的嵌入算法是相对应的，即检测或提取算法根据水印的嵌入算法而设计。水印提取指通过提取算法提取出含水印图像或者攻击后的含水印图像中隐藏的水印信息，当水印信息为无意义的二值序列时，通过水印检测的方式进行版权归宿的确认或者图像的完整性认证，即通过已知的密钥控制检测算法判断疑似图像中是否含有水印信息。水印提取算法和水印检测算法框图见图 2-4 和图 2-5，图中虚线表示需要原始宿主图像的参与。

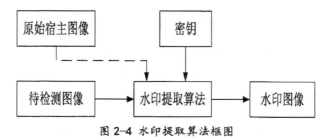

图 2-4 水印提取算法框图

Fig.2-4 Watermarking Extraction Algorithm Scheme

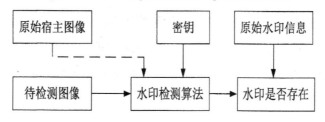

图 2-5 水印检测算法框图

Fig.2-5 Watermarking Detection Algorithm Scheme

盲水印算法和非盲水印算法：盲水印算法(Blind Watermarking Algorithm)指在水印检测过程中不需要原始宿主图像；非盲水印算法(Non-Blind Watermarking Algorithm)指在检测过程中需要原始宿主图像和原始水印信息，虽然稳健性相对较强，但应用受到一定程度的限制，该类算法大多为早期的水印算法。目前研究较多的为盲水印算法。根据两种不同的水印生成方式，即无意义水印和有意义水印信号采用不同的水印重构方式。对于无意义水印信号，计算所检测到的水印信息和原始水印信息的相似程度，并通过一定阈值进行图像认证或者版权归属确认；对于有意义水印信号，一般利用水印提取算法将所含水印提取出来，通过可视性对版权进行确认。

$$D(I', K) = \begin{cases} 1 & \text{如果} I' \text{存在水印信息} \quad (H_1) \\ 0 & \text{如果} I' \text{不含水印信息} \quad (H_0) \end{cases} \qquad (2\text{-}8)$$

其中 H_1 和 H_0 表示二值假设，即表示水印的有或无

$$Ex : I' \times K = W \qquad \text{盲水印提取算法} \qquad (2\text{-}9)$$

$$Ex : I' \times K \times I = W \qquad \text{非盲水印提取算法} \qquad (2\text{-}10)$$

2.3　数字图像水印的基本要求

大多类型的数字水印算法是通过修改载体内容的形式进行水印的嵌入，这些对图像的质量会造成一定程度的影响，如何衡量这种影响程度，则需要一定的评价指标。同时不同类型的数字水印算法，其不同的应用目的决定了水印的不同要求。一般有如下三种基本要求，即水印的不可见性，算法的鲁棒性和安全性。

2.3.1　不可见性及其评价准则

数字水印的不可见性也称为透明性（Invisibility），主要是针对不可视水印算法，是指嵌入其中的水印不应明显干扰被保护图像的视觉效果，这是衡量算法好坏较为重要的标准。完全的不可见水印系统几乎不可能（零水印算法除外），只要修改了图像的内容，含水印图像总会发生相应程度的失真。嵌入水印后图像的质量，即水印的不可见性的衡量通常有两种方法，一种为主观评价方法，也称主观测试方法（Subjective Test），一种为客观评价方法，也称为定量测试方法（Quantitative Test）。主观评价方法[118]

通过不同观察者对图像质量的优劣和判读程度做出主观的判定，一般采用国际上规定的五级或七级评分标准，分为等级评价和相对评价。等级评价指评价人员在各种规定的条件下按照预先设定好的等级标准给测试图像进行等级打分，将平均分作为最终的评价结果；相对评价指待评人员通过和参考图像进行对比的方式对待测图像质量进行打分，然后给出评价结果。主观测试对最终图像的质量评价和测试是很有帮助的，但不同背景、不同的时间和地点，不同动机和心理状态以及观测环境等都会影响评价结果，而且大量的统计工作实施起来相对繁琐，且不容易实现。客观评价方法用数学的方法，大多采用量化的公式来定量的描述图像的质量，其评价结果不依赖人的主观感觉和意识以及周围的环境。这些公式虽然能够获得一定的衡量数据，由于客观评价方法的基本原理是利用嵌入数据后的图像与原始图像之间的数学统计差别来度量两幅图像之间的失真程度，有时候有些数据不能反映图像的主观感知度，甚至有时候与主观印象相悖。而且有些统计方式将局部误差累加到或平均到图像的整体，只能表示平均灰度量化失真程度，不能反映局部图像的真实度，也不能反映图像中的目标特征信息的损失程度。因此算法大多选择在图像视觉感知不很明显的区域进行数据的嵌入，同时如何利用人类视觉系统的特性，开发出更好的定量衡量指标也是值得深入研究的课题。表 2-1 是到目前为止很多算法用来衡量嵌入水印算法后图像质量的衡量公式[119]。其中应用最多的是基于均方误差（Mean Square Error,

MSE）准则的峰值信噪比（Peak Signal Noise Ratio, PSNR）方法，为了和已有的算法进行性能比较，本书所有算法的不可视性衡量指标均选择峰值信噪比（PSNR）。

表 2-1　图像失真度量标准
Tab.2-1 Measure Criterion of Image Distortion

均方误差	$MSE = \dfrac{1}{M \times N} \sum\limits_{i=1}^{N} \sum\limits_{j=1}^{M} (I'(i,j) - I(i,j))^2$
峰值信噪比	$PSNR = 10\lg\left(\dfrac{255^2}{MSE}\right)$
信噪比	$SNR = \sum\limits_{i=1}^{N} \sum\limits_{j=1}^{M} (I(i,j))^2 \Big/ \sum\limits_{i=1}^{N} \sum\limits_{j=1}^{M} (I'(i,j) - I(i,j))^2$
L^p 范数	$L^p = \left[\dfrac{1}{M \times N} \sum\limits_{i=1}^{N} \sum\limits_{j=1}^{M} \left| I'(i,j) - I(i,j) \right|^p \right]^{1/p}$
平均绝对差分	$AD = \dfrac{1}{M \times N} \sum\limits_{i=1}^{N} \sum\limits_{j=1}^{M} \left| I'(i,j) - I(i,j) \right|$
拉普拉斯均方误差	$LMSE = \sum\limits_{i=1}^{N} \sum\limits_{j=1}^{M} (\nabla^2 I'(i,j) - I\nabla^2(i,j))^2 \Big/ \sum\limits_{i=1}^{N} \sum\limits_{j=1}^{M} (\nabla^2 I(i,j))^2$
归一化相关	$NC = \sum\limits_{i=1}^{N} \sum\limits_{j=1}^{M} (I'(i,j) \times I(i,j)) \Big/ \sum\limits_{i=1}^{N} \sum\limits_{j=1}^{M} (I(i,j))^2$
相关质量	$CQ = \sum\limits_{i=1}^{N} \sum\limits_{j=1}^{M} (I'(i,j) \times I(i,j)) \Big/ \sum\limits_{i=1}^{N} \sum\limits_{j=1}^{M} I(i,j)$
直方图相似性	$HS = \sum\limits_{c=0}^{255} \left| f_I(c) - f_{I'}(c) \right|$　其中 $f_I(c)$ 是在256灰度级图像中灰度级的相对频率
内容构造比	$SC = \sum\limits_{i=1}^{N} \sum\limits_{j=1}^{M} I^2(i,j) \Big/ \sum\limits_{i=1}^{N} \sum\limits_{j=1}^{M} I'^2(i,j)$
全局信噪比	$GSSNR = \sum\limits_{b} \sigma_b^2 \Big/ \sum\limits_{b} (\sigma_b - \sigma_b')^2$ 其中 $\sigma_b = \sqrt{\dfrac{1}{n} \sum\limits_{b} (I(i,j))^2 - \left(\dfrac{1}{n} \sum\limits_{b} (I(i,j)) \right)^2}$

2.3.2 鲁棒性及其评价准则

鲁棒性（Robustness）也称为水印的稳健性，不同应用目的的水印算法其鲁棒性的概念不同：图像认证水印算法的目的是检测被保护对象的完整性程度，其鲁棒性是指图像在遭受到一定程度的攻击篡改后，算法对篡改区域进行有效定位的准确度，准确度越高，算法的鲁棒性越强，反之，鲁棒性越差。鲁棒性数字水印算法和零水印算法主要是对受保护的多媒体进行版权保护，即要求当含水印的图像遭受一定程度的攻击时，如常规的图像处理后，水印能够较为清晰、完整地被提取或者检测出来，一般用提取水印和原始水印的相似程度进行衡量。式2-11至式2-15是水印算法中几种测量水印相似度的公式[120]，前三种可用来测量以灰度图像和二值图像作为水印的相似程度，式2-14是针对二值图像的水印相似度，很多文献中采用误码率（Bit Error Rate, BER）（式2-15）衡量提取水印和原始水印之间的差别。实际上，$BER + \rho_4 = 1$，两者在衡量算法的鲁棒性时，除了数值不等，其功能相同。本书算法大多采用BER的方式衡量算法的鲁棒性。

$$\rho_1(W, \tilde{W}) = \frac{W^T W'}{\sqrt{W^T W} \sqrt{W'^T W'}} \qquad (2-11)$$

$$\rho_2(W, \tilde{W}) = \frac{W^T W'}{W^T W} \qquad (2-12)$$

$$\rho_3(W, \tilde{W}) = \frac{W^T W'}{W'^T W'} \qquad (2-13)$$

$$\rho_4(W, \tilde{W}) = \frac{\sum_{i=1}^{n \times m}(w_i \otimes w_i')}{n \times m} \qquad (2-14)$$

其中 $\otimes$ 表示同或操作，即两数相同时，输出为 1，反之输出为 0。

$$\mathrm{BER} = \frac{\sum_{i=1}^{m} \sum_{j=1}^{n} \left| \mathbf{W}'(i,j) - \mathbf{W}(i,j) \right|}{m \times n} \qquad (2\text{--}15)$$

可逆信息隐藏将嵌入容量、可逆变换和图像失真作为技术目标[106]，算法不考虑安全性，即在无攻击、无干扰情况下进行数据的嵌入和提取，只需考虑数据的嵌入容量（Capacity）或称为负载（Payload）与嵌入数据后图像质量（PSNR）[101-117]之间的关系，我们称这种关系为综合性能比较。

2.3.3 安全性及其评价准则

算法的安全性指水印能够抵抗恶意攻击的能力[121]。恶意攻击是指攻击者专门为了破坏或阻止水印用途的处理，一般分为三种类型：未经授权的删除（Unauthorized Removal）、未经授权的嵌入（Unauthorized Embedding）和未经授权的检测（Unauthorized Detection）。前两个由于使得载体的内容被修改，为主动攻击，而后者由于不修改载体内容，为被动攻击。水印算法中，通常使隐蔽载体与原始载体具有一致的特性（如具有一致的统计噪声分布等），以便使非法拦截者无法判断是否有隐蔽信息[12]，从而使算法具有不可检测性（undetectability）。实际上很多水印算法用加密技术来提高算法的安全性，这样就使原来需要对这些算法进行保密变成了对密钥的管理，密钥通常用在水印的生成和嵌入过程中，在检测时，只有匹配的密钥才能提取或者检测出相应的水印，这使得算法的安全性依靠密钥，而算法可以完全公开，这就是著名的Kirchhoff准则[122]。另外，用于密钥的系统需有足够大的密钥空间，这样就使得搜索整个密钥空间来破解算法变得不太现实。混沌系统凭借着其对初值极端敏感的特征，使得密钥空间足够庞大，通常被用来作为加密系统。本书中的算法基本上都采用混沌系统加密的方式，将最常见且较为简单的Logistic混沌系统用于水印算法中，提高了算法的安全性。

实际上，水印的这些特性要求之间通常是相互矛盾、相互竞争的，算法的设计上不可能使每一个指标都达到最优，只能根据需要在不同的特点之间取得平衡，达到一个理想的范围。

2.4 本章小结

本章对数字水印技术中相关工作进行了综述，详细介绍了水印算法的基本框架结构，对水印生成算法中两种水印，即有意义水印和无意义水印进行了解释和说明，同时分析了水印的嵌入、提取和检测算法。另外，结合水印算法的三个基本要求，即不可视性、鲁棒性和安全性，给出了目前应用较多的评价标准，同时把本书将要用到的一些评价指标做了介绍。该部分工作是后面章节的基础，对后面的研究内容做了一个整体上的把握，使后面的研究结构更加清晰。

第3章 混沌系统的图像认证
水印算法的研究

3.1 引言

图像认证技术通过嵌入多媒体载体中信息的完整性来鉴别载体信息的完整性，并能够准确定位篡改区域。在图像认证过程中，如果图像没有遭受任何形式的篡改，嵌入的水印信息能够完全被提取出来，并通过水印的完整性验证宿主信息的完整性；如果宿主信息被篡改后，提取出来的水印信息也将发生一定程度的变化，从而根据提取出的水印和原始水印之间的差异对篡改区域进行精确的定位。本章结合传统图像认证技术在篡改定位精度和安全性之间存在的问题，提出了两种基于混沌系统的图像认证水印算法。

3.2 图像认证水印算法的结构研究

3.2.1 基于层次结构的图像认证算法

层次结构的图像认证水印算法通过多层次嵌入进行多级别的认证。首先将载体图像进行分层，然后将高层的水印信息按照一定的规则嵌入到最低层的最低有效位中，水印提取后根据需要进行不同层次的定位分析。对于灰度图像 I_0，划分 H 级后的第 h 级子块被记为 I_{ij}^h，其中 $h=1, 2, \cdots, H$；$i, j = 0,1,\cdots,(2^{h-1}-1)$ 分别表示在空域中的横纵坐标。相邻两级子块间的关系为：

$$I_{ij}^h = \begin{bmatrix} I_{2i,2j}^{h+1} & \| & I_{2i,2j+1}^{h+1} \\ I_{2i+1,,j}^{h+1} & \| & I_{2i+1,2j+1}^{h+1} \end{bmatrix}, h = 1, 2, \cdots, H \tag{3-1}$$

当 $h=1$ 且 $i = j = 0$ 时，$I_{ij}^h = I_{00}^1$ 为最高级子块，即原始图像。图3-1 是三级子块之间的关系图。

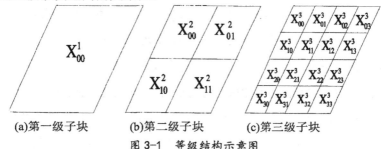

(a)第一级子块　　(b)第二级子块　　(c)第三级子块

图 3-1　等级结构示意图

Fig.3-1 Hierarchical Structure Scheme

3.2.2 基于块相关结构的图像认证算法

块相关结构作为图像认证技术的一种，在图像认证中有较多应用。其大概思想是通过某种映射建立图像分块后各块之间的对应关系，其可以分为三个类型：一一对应图像块相关，领域块相关，任意块相关。

3.2.2.1 一一对应块相关

一一对应图像块相关算法将图像块分成数量相等的两组，每组的一个图像块对应另外一组的一个图像块。如图3-2所示，图像块a和图像块c分别对应另一组的图像块b和图像块d，这样对应的结果使得图像块a通过某种运算f产生的认证水印信息w_a嵌入到对应块b的最低有效位LSB_b。同理，图像块b的认证水印信息w_b嵌入到对应块a的最低有效位LSB_a中（图3-3）。该算法能够达到较高的定位精度，但当两对应图像块都发生篡改时，由于无法准确定位而产生漏警，另外图像块间的关系需要建立一个LUT（Look Up Table）进行查找。

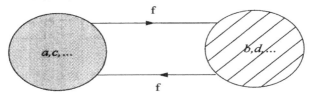

图 3-2　一一对应块相关示意图

Fig.3-2 One-to-One Block Corresponding scheme

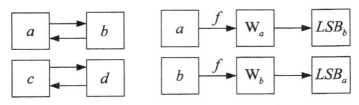

图 3-3　一一对应块相关水印嵌入示意图

Fig.3-3 Watermarks Embedding Based One-to-One Block Corresponding Scheme

3.2.2.2 领域块相关

领域块相关图像认证算法利用某种运算f，例如Hash函数将目

标图像块 p_0 与周围图像块 $p_i(i=1,\cdots,8)$ 映射成认证水印信息 W_{P_0}，并嵌入到目标图像块的最低有效位 LSB_{P_0} 中（图3-4），该方法的优点是不用寻找图像块之间的映射关系，缺点是当目标图像块 p_0 遭到篡改后，周围图像块认证过程中会得到误判，从而定位失败，另外，当矢量量化攻击的图像块大于检测图像块时，目标图像块较易发生漏检，从而导致定位精度的下降。

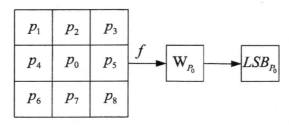

图 3-4　邻域块相关示意图

Fig.3-4 Neighbor Block Corresponding Scheme

3.2.2.3　任意块相关

为了抵抗矢量量化攻击，算法将目标图像块 a 与其他任意图像块 b 作为Hash函数的输入生成一部分水印 w_a^1，另一部分水印 w_a^2 由目标图像块 a 生成，然后作为水印 $\text{w}=\text{w}_a^1\|\text{w}_a^2$，嵌入到目标图像块的最低有效位中 LSB_a（图3-5）。任意块相关能够较好地定位篡改区域，但当图像块个数过少时，其图像块间的位图关系可通过无穷搜索获得，当图像块数量增加时，图像块最低有效位不能嵌入足够量的水印信息，从而会遭受著名的生日攻击[27]。

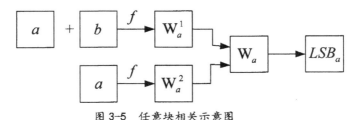

图 3-5 任意块相关示意图

Fig.3-5 Random Block corresponding scheme

3.3 花托自同构混沌系统和 Logistic 混沌系统

3.3.1 花托自同构混沌系统

花托自同构（Total Automorphisms）是一种针对空间位置改变的变换系统，即一个二维的花托自同构可看作二维平面内的空域变换，定义为如下映射：

$$F : O \rightarrow O, O = [0,1) \times [0,1) \subset R^2 \tag{3-2}$$

并可表示为

$$r_{i+1} = Ar_i \pmod 1$$

即

$$\begin{bmatrix} x' \\ y' \end{bmatrix} = \begin{bmatrix} a_1 & a_2 \\ a_3 & a_4 \end{bmatrix} \begin{bmatrix} x \\ y \end{bmatrix} \pmod 1. \tag{3-3}$$

其中 $a_i (i = 1 \cdots 4) \in Z$，$\det A = 1$，且特征值 $\lambda_1, \lambda_2 \notin \{-1, 0, 1\}$。给定的初始坐标经过该混沌系统后得到一个新的坐标点集，其各态遍历的特性使得原始点集经过变化后分散到整个平面空间中，由于 $\det A = 1$，其空间面积不发生变化。对于图像来说，点集是有限的，所以花托自同构的变化是周期性的，即存在一个迭代次数

M，使得 $r_0 = r_M$。整数格映射可表示为：

$$F_N : L_N, r_{i+1} = Ar_i(\text{mod } N). \text{其中}, L_N = \{(k,l) \mid 0 \leqslant k < N, 0 \leqslant L < N\}$$

$$(3-4)$$

最常用的整数格映射为：

$$F_N(k) : L_N \to L_N : \begin{bmatrix} x' \\ y' \end{bmatrix} = \begin{bmatrix} 1 & 1 \\ k & k+1 \end{bmatrix} \begin{bmatrix} x \\ y \end{bmatrix} (\text{mod } N).$$

$$(3-5)$$

当 $k = 1$ 时为著名的混沌系统—Arnold变换，由于其能将猫脸变成类似杂乱无章的混沌序列，并能恢复，又称为猫映射（Cat Mapping）。

3.3.2 Logistic 混沌系统

Logistic 混沌系统（LM）由于其对初值的极端敏感特性和伪周期性的特性，常用在加密系统中，其定义可表示为：

$$x_{n+1} = \lambda x_n(1 - x_n), \lambda \in [0,4], x_n \in (0,1).$$

$$(3-6)$$

其中 λ 是 LM 的控制参数，其混沌区域为 $\lambda \in (\lambda_\infty, 4], \lambda_\infty = 3.569945672$，两个不同初值产生的混沌序列的互相关为 0，表明其对初值的极端敏感性。Logistic 混沌序列可用来直接调制图像的像素值，也可将其化为二值序列通过异或已知序列进行加密。

当 $\lambda = 4$ 时，Logistic 混沌序列的概率分布密度函数和均值分别为：

$$\rho(x) = \begin{cases} \dfrac{1}{\pi \sqrt{x(1-x)}}, & x \in (0,1) \\ 0 & others \end{cases}, \quad \bar{x} = E\{x\} = 0.5 \qquad （3-7）$$

因此可以通过门限函数（式3-8）把实值混沌序列 $x_0, x_1 \cdots x_n$ 转化为二进制"0"和"1"序列 $b_0, b_1, \cdots, b_n$。

$$b_i = \begin{cases} 1, & x_i \geqslant 0.5 \\ 0, & x_i < 0.5 \end{cases} \qquad （3-8）$$

3.4 基于猫映射构成的循环结构的图像认证水印算法

作为混沌系统之一的猫映射又称为 Arnold 变换，常被用来对原始水印进行置乱，从而增强算法的安全性。这里我们利用猫映射的各态遍历的特性来构成图像块间的位置关系，这种位置关系由于是循环不重复，使得图像块之间变得一一对应相关。利用图像块间的水印互相认证，从而能够有效地抵抗矢量量化攻击，并保持了块相关算法的定位精度。

3.4.1 水印的生成和嵌入

在水印生成和嵌入的过程中，用Logistic映射和图像块的像素值完成水印信号的生成，用猫映射构成的循环结构完成水印的嵌入，如图3-6所示：

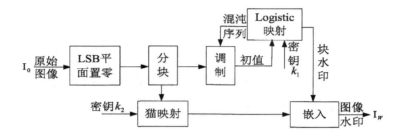

图 3-6 水印生成、嵌入算法

Fig.3-6 Watermark Generating and Embedding

水印的生成和嵌入算法的具体步骤如下：

（1）将原始图像 I_0 的最低有效位(LSB)平面置零。然后将其划分为互不重叠的 P 个大小为 $r \times s$ 的图像块，记为 $I'_p,(p = 1,2 \cdots P)$；

（2）将密钥 $k_1 \in (0,1)$ 作为 Logistic 映射的初值，产生长度和图像块内像素个数相等的混沌序列，并将其按照光栅扫描方式排列成二维序列，记作 L：

$$l_{i+1} = \lambda l_i(1 - l_i), \lambda \in [0,4], l_i \in (0,1), (i = 1,\cdots, r \times s - 1) \qquad (3\text{-}9)$$

用产生的混沌序列 L 调制每个像素块 I'_p，产生映射水印的初值：

$$w_{p0} = \frac{\sum_{i=1}^{r} \sum_{j=1}^{s} I'_p(i,j) L(i,j)}{\sum_{i=1}^{r} \sum_{j=1}^{s} I'_p(i,j)}, (i = 1,2 \cdots r, j = 1,2 \cdots s).$$

$$(3\text{-}10)$$

（3）将 w_{p0} 作为 Logistic 映射的初值，再次用式 3-9 生成长度为 $r \times s$ 的混沌序列，并将其按照从左到右，从上到下的方式排

成大小为 $r \times s$ 的二维序列，记作 $\overline{w}_p$，并通过门限函数（式 3-11）将其化为二值序列，即期望的水印信号，记作 w_p：

$$\mathbf{W}_p(i,j) = \begin{cases} 1, & \text{if } \overline{\mathbf{W}}_p(i,j) \geqslant 0.5, \\ 0, & \text{if } \overline{\mathbf{W}}_p(i,j) < 0.5, \end{cases} \quad (i = 1, \cdots, m, j = 1, \cdots, n)$$

$$(3\text{-}11)$$

（4）用猫映射（式 3-5）建立图像块之间对应的循环结构，如图 3-7(a)所示。

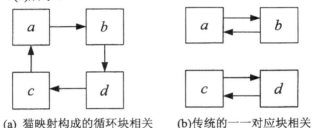

(a) 猫映射构成的循环块相关　　(b)传统的一一对应块相关

图 3-7　图像块关系图

Fig.3-7 Relationship between Image Blocks

假设 4 个图像块位置分别为 a、b、c 和 d，将猫映射记为 f，迭代的次数记为 k_2。则经过 k_2 次猫映射后图像块间的映射关系如式 3-12。图 3-7(a)描述了图像块关于猫映射对应的循环关系，而传统的单一对应关系如图 3-7 (b)所示：

$$f(a, k_2) = b, f(b, k_2) = c, f(c, k_2) = d, f(d, k_2) = a. \quad (3\text{-}12)$$

（5）利用循环结构将图像块产生的水印嵌入到循环结构中对应图像块的最低有效位中。比如，图像块 I_a' 对应的图像块为 I_b'，然后将图像块 I_a' 产生的水印 w_a 嵌入到图像块 I_b' 的最低有效位中；

（6）对所有的图像块进行上述操作，生成含水印的图像 I_W 。

3.4.2 水印的提取、检测和定位

水印提取、检测和定位的具体过程如下：

（1）提取含水印图像 I_W 的最低有效位（LSB），记为 w_{LSB} 。

（2）将 I_W 最低有效位置零，提供密钥 k_1 ，经过水印嵌入过程中步骤（1）-（3），生成水印块 $w_p (p = 1, 2 \cdots P)$ ，则水印模板为 $w = w_1 \| w_2 \| \cdots \| w_P$ ，其中 $\|$ 表示组合关系。

（3）将密钥 k_2 作为猫映射的迭代次数，利用图像块的位置构造参考水印 w' 。例如，选取图像块的位置信息为 a ，根据式 3-12 找到对应的图像块位置信息为 b 。令 $w_b' = w_a$ ，对 w 中的水印块依次操作，得到另一水印模板 $w' = w_1' \| w_2' \| \cdots \| w_P'$ 。

（4）令 $\tilde{w} = w_{LSB} - w'$ ，按以下篡改定位步骤进行检测定位：

a.将 $\tilde{w}$ 划分为互不重叠的 P 个 $r \times s$ 的小块 $\tilde{w}_p (p = 1, 2 \cdots P)$ ，找出不为零的块；

b.假设 $\tilde{w}_a \neq 0$ ，应用式3-12找到对应的块，假设为块 b ；

c.如果 $\tilde{w}_b = 0$ ，则图像块 a 未被改变；否则，块 a 被篡改，并标记该图像块；

d.重复 a-c 步操作，直到所有块检测完成。

3.4.3 实验结果和算法性能分析

3.4.3.1 实验结果

为验证算法的有效性，实验以 512×512 的"peppers"图像作

为原始图像，如图 3-8(a)所示，将图像划分为 4×4 的小块，取 $k_1 = 0.4$，$k_2 = 23$，得到含水印图像（图 3-8 b）。同时采用峰值信噪比(PSNR)来衡量水印的不可见性这一重要特性。

由于嵌入过程只改变图像的最低有效位，同时采用了混沌伪随机二值序列，所以每个像素被改变的概率为1/2，所以有：

$$MSE \leqslant \frac{\sum_{i=1}^{M} \sum_{j=1}^{N} (1)^2 \times \frac{1}{2}}{M \times N} = \frac{1}{2} \qquad (3-13)$$

$$PSNR = 10 \lg \left(\frac{255^2}{MSE} \right) \geqslant 10 \lg \left(\frac{255^2}{1/2} \right) = 51.1 dB \qquad (3-14)$$

原始图像和含水印图像间的峰值信噪比 (PSNR) 值为 51.146dB，表明含水印图像具有良好的视觉透明性。

(a)原始图像   (b)含水印图像

图 3-8 原始图像和含水印图像

Fig.3-8 Original Image and Watermarked Image

3.4.3.2 和——对应块相关算法对比测试

由于算法采用了 Logistic 混沌系统，图像的任一像素被改变都将会引起混沌系统初值的变化，从而产生截然不同的水印序列，表明算法对篡改非常敏感。例如，在含水印图像 3-8(b)上添加一个辣椒，得到篡改后的图像，如图 3-9(a)所示。图 3-9(b)是用该算法得到的篡改检测和定位结果，图中用白色小块标注篡改区域。图 3-9(c)是采用传统一一对应块相关算法进行检测定位的结果。

(a)篡改后的含水印图像　　　(b)循环结构检测定位结果

(c)一一对应块相关检测结果

图 3-9　定位精度分析

Fig.3-9 Analysis of Localization Accuracy

图 3-9(b)显示的篡改区域轮廓清晰，可见本算法对图像篡改有较强的定位能力。传统一一对应块相关结果如图 3-9(c)，由于其单一的对应关系，虽然能够定位篡改区域，但较多未被篡改的

图像块也被定位出来,而本书算法采用了猫映射构成的循环结构,图像块的改变与否是通过对应的下一个图像块的水印信息进行判断,而不是单一的一一对应块相关,有效地解决了传统算法定位精度不高的问题。

3.4.3.3 安全性分析

由于使用了 Logistic 混沌系统和猫映射混沌系统,该算法具有较高的安全性,主要体现在 3 个方面:

(1)利用了混沌系统的非周期、不收敛和对初值的极端敏感性,算法可以公开,只需对关键密钥进行管理,满足 Kirchhoff 准则。

(2)利用 Logistic 映射调制图像块的像素值形成初值,实际上是利用图像块像素值和混沌系统的初值合成生成水印的密钥,这样避免了单密钥产生相同的水印嵌入多块图像的弊端。同时,构成的循环结构使图像块之间变得相关,增加了统计攻击[123]搜索的难度。

(3)构造基于图像内容的数字水印信息,使得矢量量化攻击的等价类集合随图像变化而动态变化,增加了获得等价类集合元素的难度;由于图像不同位置的像素值一般不同,所以嵌入的水印随着像素值的变化而变化,这使得不同图像的相同子块或同一图像的不同子块下的水印信息不同,可以有效防止通过变换两个可信图像的相同子块或同一图像的不同子块而影响水印信息的提取;利用猫映射混沌系统构成的循环结构将图像块生成的水印嵌入对应的图像块中，使得图像块之间形成循环的一一对应关系，增强了图像块之间的相关性，从而能够抵抗矢量量化攻击[15-16]，有效地解决了块不相关技术在安全性存在的问题。

3.4.3.4 虚警分析

虚警指水印检测器将未被篡改的图像块误判为篡改图像块的行为，从而影响了算法的定位精度。下面通过对该算法可能出现的虚警情况进行分析，提出降低虚警的方法。

在本算法中，以下情况会发生虚警：假设块 a、b 和 c 是经过猫映射后对应的图像块，情况 1(图 3-10 a)：当 a、b 和 c 构成循环时，其中任意两个图像块被改变，第 3 个图像块由于无法正确判断而得到：

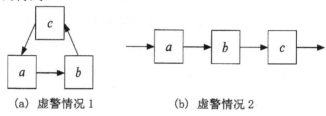

(a) 虚警情况 1   (b) 虚警情况 2

图 3-10　虚警情况分析

Fig.3-10 Analysis of False Alarm

误判，出现虚警；情况 2（图 3-10 b）：当块 a 和 c 被篡改时，图像块 b 由于无法正确判断而误判，出现虚警。

降低虚警的方法：情况 1 在原始图像被分为 4 块时出现，如调整图像块个数，并使其大于 4，则该类虚警可避免。情况 2 出现时，可调整密钥 k_2 的大小，使对应的图像块间的距离变大，从而有效地降低虚警。另外，循环结构的采用使得出现的虚警块离真实篡改区域较远，且相对分散。如在检测时设定一个阈值，当分散区域和集中区域的距离大于这个阈值时不作篡改标记，进一步排除虚警。

3.5 基于奇异值分解和 Logistic 系统的图像认证水印算法

猫映射构成的循环结构能有效地解决单一块相关定位精度不高的问题，然而猫映射的周期性特性一定程度上使得算法安全性仅依靠 Logistic 混沌系统，循环结构的安全性不高。为了保持块相关良好的定位精度，同时增强图像块相关结构的安全性，利用 Logistic 设计了伪随机循环链结构，其对初值的极端敏感特性使其密钥空间很大，更进一步增强了算法的安全性。

3.5.1 奇异值分解与行列不变性证明

3.5.1.1 奇异值分解（Singular Value Decomposition，SVD）的基本概念[124]

对于任何一实矩阵 $A_{m \times n}$，秩（A）=秩（$A^T A$）=秩（AA^T）=r，则存在两个标准正交矩阵 $U_{m \times m}$ 和 $V_{n \times n}$ 以及对角阵 $D_{n \times n}$，使得下式成立 $A = UDV^T$，即：

$$A = UDV^{T} = \begin{bmatrix} u_{1,1} & \cdots & u_{1,m} \\ u_{2,1} & \cdots & u_{2,m} \\ \vdots & \ddots & \vdots \\ u_{m,1} & \cdots & u_{m,m} \end{bmatrix} \begin{bmatrix} \sigma_1 & 0 & \cdots & 0 \\ 0 & \sigma_2 & \cdots & 0 \\ \vdots & \vdots & \ddots & 0 \\ 0 & 0 & \cdots & \sigma_m \end{bmatrix} \begin{bmatrix} v_{1,1} & \cdots & v_{1,n} \\ v_{2,1} & \cdots & v_{2,n} \\ \vdots & \ddots & \vdots \\ v_{n,1} & \cdots & v_{n,n} \end{bmatrix}^{T}$$

$$（3-15）$$

T表示矩阵转置，$\sigma_i = \sqrt{\lambda_i}$ $(i = 1, 2, \cdots, r, \cdots, n)$ 称为矩阵A的奇异值，$\lambda_1 \geqslant \lambda_2 \geqslant \cdots \geqslant \lambda_r \geqslant 0$，$\lambda_{r+1} = \lambda_{r+2} = \cdots = \lambda_n = 0$是矩阵 $A^T A$ 和 AA^T 的特征值。u_i, v_i $(i = 1, 2, \cdots, r)$ 分别是 $A^T A$ 和 AA^T 对应于非零特征值 λ_i 的特征向量，在$\lambda_1 \geqslant \lambda_2 \geqslant \cdots \geqslant \lambda_r$的限制下，矩阵的奇异值向量 $(\sigma_1, \sigma_2, \cdots, \sigma_r)$ 是唯一的，它刻画了矩阵数据的分布特征，奇异值向量构成的对角矩阵保留了矩阵的代数本质。因此，基于奇异值分解的数字水印算法具有很强的数学基础。

3.5.1.2 奇异值分解行列不变性证明

奇异值求法：$\left| \lambda E - AA^T \right| = \left| \lambda E - A^T A \right| = 0$

其中，$\lambda = (\lambda_1, \lambda_2, \cdots \lambda_i, 0, \cdots, 0)$，

$A_{m \times n} = (a_{1,m \times 1}, a_{2,m \times 1}, \cdots, a_{i,m \times 1}, \cdots, a_{j,m \times 1}, \cdots, a_{n,m \times 1})$

$A_{n \times m}^T = (a_{1,m \times 1}, a_{2,m \times 1}, \cdots, a_{i,m \times 1}, \cdots, a_{j,m \times 1}, \cdots, a_{n,m \times 1})^T$

$\left| \lambda E - AA^T \right|$

$= \left| \lambda E - (a_{1,m \times 1}, \cdots a_{i,m \times 1} \cdots a_{j,m \times 1} \cdots a_{n,m \times 1}) \times (a_{1,m \times 1}, \cdots a_{i,m \times 1} \cdots a_{j,m \times 1} \cdots a_{n,m \times 1})^T \right|$

$= \left| \lambda E - (a_{1 \times 1}^2 + \cdots + a_{i,m \times 1}^2 + \cdots + a_{j,m \times 1}^2 + \cdots + a_{n,m \times 1}^2) \right|$

$= \left| \lambda E - (a_{1,m \times 1}^2 + \cdots + a_{i,m \times 1}^2 + \cdots + a_{j,m \times 1}^2 + \cdots + a_{n,m \times 1}^2) \right|$

$= \left| \lambda E - \sum_{i=1}^{n} a_{i,m \times 1}^2 \right| = 0$

现对矩阵 $A_{m \times n}$ 进行列变换，将矩阵的第i列和第j列互换后的

矩阵记为 $\tilde{A}_{m \times n}$，设 $\tilde{\lambda}$ 是矩阵 $\tilde{A}\tilde{A}^T$ 和 $\tilde{A}^T\tilde{A}$ 的特征值，则有：

$$\tilde{A}_{m \times n} = (a_{1,m \times 1}, a_{2,m \times 1} \cdots a_{j,m \times 1} \cdots a_{i,m \times 1} \cdots a_{n,m \times 1}),$$

$$\tilde{A}^T_{n \times m} = (a_{1,m \times 1}, a_{2,m \times 1} \cdots a_{j,m \times 1} \cdots a_{i,m \times 1} \cdots a_{n,m \times 1})^T,$$

$$\left| \tilde{\lambda}E - \tilde{A}\tilde{A}^T \right| =$$

$$\left| \tilde{\lambda}E - (a_{1,m \times 1}, a_{2,m \times 1} \cdots a_{j,m \times 1} \cdots a_{i,m \times 1} \cdots a_{n,m \times 1}) \times (a_{1,m \times 1}, a_{2,m \times 1} \cdots a_{j,m \times 1} \cdots a_{i,m \times 1} \cdots a_{n,m \times 1})^T \right|$$

$$= \left| \tilde{\lambda}E - (a^2_{1,m \times 1} + a^2_{2,m \times 1} + \cdots + a^2_{j,m \times 1} + \cdots + a^2_{i,m \times 1} + \cdots + a^2_{n,m \times 1}) \right|$$

$$= \left| \tilde{\lambda}E - (a^2_{1,m \times 1} + a^2_{2,m \times 1} + \cdots + a^2_{j,m \times 1} + \cdots + a^2_{i,m \times 1} + \cdots + a^2_{n,m \times 1}) \right|$$

$$= \left| \tilde{\lambda}E - \sum_{i=1}^{n} a^2_{i,m \times 1} \right| = 0$$

$$= \left| \lambda E - (a^2_{1,m \times 1} + a^2_{2,m \times 1} + \cdots + a^2_{j,m \times 1} + \cdots + a^2_{i,m \times 1} + \cdots + a^2_{n,m \times 1}) \right|$$

$$= \left| \lambda E - AA^T \right| = \left| \lambda E - \sum_{i=1}^{n} a^2_{i,m \times 1} \right|$$

所以 $\tilde{\lambda} = \lambda$ 即经过行互换后矩阵的奇异值不发生改变。

由于 $\left| \lambda E - A^TA \right| = \left| \lambda E - AA^T \right|$，同理可证：对矩阵进行行互换后矩阵的奇异值不发生改变。

3.5.2 伪随机循环链的构成

伪随机循环链由混沌系统产生，其具体产生步骤如下：

（1）选择Logistic映射（LM）的初值作为密钥产生长度为 $r \times s$ 的一维混沌序列 $(X = x_1, x_2, x_3, \cdots, x_{r \times s})$：

$$X = LM(k, r \times s) \tag{3-16}$$

（2）按照某种规则，诸如光栅扫描的方式将一维混沌序列 X 调整为二维混沌序列 x'：

$$\mathbf{X}' = \begin{bmatrix} x_1 & \cdots & x_s \\ \vdots & \ddots & \vdots \\ x_{(r-1) \times s + 1} & \cdots & x_{r \times s} \end{bmatrix}. \tag{3-17}$$

（3）按照如下排序规则调整一维序列的先后顺序：

$\mathbf{X}(1) = \min(x_1, x_2, \cdots, x_{r \times s})$ ，

$\mathbf{X}(2) = \min\{\{x_1, x_2, \cdots, x_{r \times s}\} - \{\mathbf{X}(1)\}\}$ ，

$\mathbf{X}(n) = \max(x_1, x_2, \cdots, x_{r \times s}) \tag{3-18}$

假设重排的序列有如下关系 $\cdots x_i < x_1 < x_m < x_l < x_p < x_f \cdots$ ，这表明图像块块 i，1， m，l，p 和 f 具有循环关系，我们称这种关系为伪随机循环链（Pseudorandom Circular Chain, PCC），如图3-11所示。

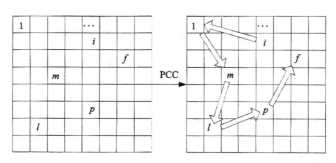

(a)原始图像块　　　　(b) 映射关系图

图 3-11　伪随机循环链（PCC）

Fig.3-11 Pseudorandom Circular Chain

PCC 满足算法所需的安全特性：

（1）PCC 构成的图像块一一对应，互不重复；

（2）PCC 由密钥控制，不同密钥产生不同的 PCC；

（3）PCC 上相邻图像块在图像的位置相差较远；

（4）由于混沌系统对初值的极端敏感性使得密钥空间足够大。

Logistic混沌系统由于其伪周期的特性，使得生成的混沌序列中无重复的元素，同时图像块之间的关系由密钥控制，初值极端敏感性和很大的密钥空间使得图像块之间一一对应，互不重复，构成的图像块之间的关系满足上述条件。

3.5.3　水印的生成和嵌入

（1）将原始图像 I_0 的最低有效位（LSB）置零：$\tilde{I} = I_0 - \mathrm{mod}(I_0, 2)$，将密钥 k_1 作为初值，$k_1 \in (0,1)$，利用Logistic映射产生长度为 $M \times N$ 的混沌序列，按照从左至右，从上至下的方式将一维序列重排成二维混沌序列，记作 $L_{M \times N}$。利用产生的混沌序列对图像 $\tilde{I}$ 进行调制，产生调制后的矩阵：

$$\tilde{\tilde{I}}(i, j) = \tilde{I}(i, j) \times L(i, j)(i = 1, 2, \cdots, M, j = 1, 2, \cdots, N) \quad (3-19)$$

（2）将 $\tilde{\tilde{I}}$ 划分为互不重叠的 $r \times s$ 的小块，求每一图像块的奇异值（式3-20），选取非零最小的奇异值 $\sigma_{\min}$ 的小数部分 x_0（式3-21），floor表示取比 $\sigma_{\min}$ 小的整数；

$$\sigma = svd(\tilde{\tilde{X}}_p) \quad (3-20)$$

$$x_0 = \sigma_{\min} - \mathrm{floor}(\sigma_{\min}). \quad (3-21)$$

（3）将 x_0 作为初值用Logistic映射生成长度为 $r \times s$ 的混沌序列，用阈值分割（式3-8）将其化为二值序列，即期望的水印信号；

（4）将密钥 k_2 作为初值，$k_2 \in (0,1)$，构建伪随机循环链，找到图像块之间相互对应关系，将水印嵌入对应图像块的最低有效位中，完成图像块的水印嵌入，得到含水印图像 I_w。

3.5.4 水印的提取、检测和定位

水印提取、检测和定位的具体过程如下：

（1）将含水印图像 I_w 经过嵌入方法中步骤1～4，得到含水印图像 $\tilde{I}_w$ 。

（2）取 I_w 和 $\tilde{I}_w$ 的最低有效位平面，记为 w_1 和 w_2 ，其中 $w_1 = \text{mod}(I_w, 2)$ ， $w_2 = \text{mod}(\tilde{I}_w, 2)$ 。

（3）取 $w = w_1 - w_2$ ，将 w 分块，查找非零水印块，将其标记为可疑水印块；查看循环链中对应水印块是否可疑。如果是，将含水印图像中该图像块标记为被篡改图像块，如果非，不做标记。

（4）检测所有可疑水印块，直到完成所有可疑图像块的检测定位。

3.5.5 实验结果与算法性能分析

3.5.5.1 试验结果

为验证算法的有效性，选取三幅512×512的8比特灰度图像作为测试图像，分别为Plane，Lena和Goldhill图像。取 $k_1 = 0.4$ ， $k_2 = 0.123$ 。同时采用峰值信噪比（PSNR）来衡量水印的不可见性这一重要特性。图3-12显示三幅宿主图像嵌入水印后的PSNR都大于51dB，表明算法具有良好的视觉效果。

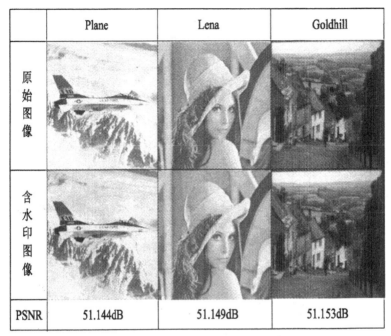

图 3-12　原始图像和含水印图像

Fig.3-12 Original Images and Watermarked Images

3.5.5.2 安全性分析

算法中使用Logistic混沌系统产生的混沌序列调制图像，由于Logistic对初值极端敏感，使得密钥的选择空间无限大，因此攻击者进行穷举攻击得到密钥的可能性几乎为零。另外，用密钥控制Logistic混沌系统产生伪随机循环链，不同的初值产生的伪随机循环链完全不同。图3-13给出不同初值生成的两个伪随机循环链产生的图像块之间的对应关系，图中显示，在100个图像块中，不同初值间的PCC对应图像块几乎无重复，且单个PCC决定的对应图像块间映射距离较大。

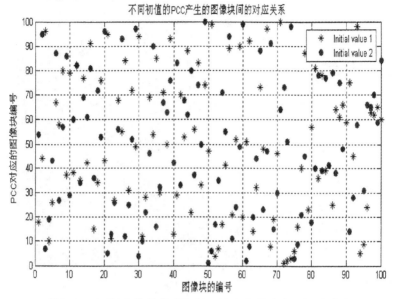

图 3-13　不同初值的伪随机循环链产生的图像块间的关系

Fig.3-13 Relationship between Blocks Decided by PCC Generated by Different Initial Value

实际上，如果图像的大小为$M \times N$，图像块大小为$r \times s$，所产生的图像块个数是$(M \div r) \times (N \div s)$，则图像块间的排列方式有如下多种形式：

$$P_{\frac{M}{r} \times \frac{N}{s}}^{\frac{M}{r} \times \frac{N}{s}} = (\frac{M}{r} \times \frac{N}{s}) \times (\frac{M}{r} \times \frac{N}{s} - 1) \times \cdots \times 2 \times 1 = (\frac{M}{r} \times \frac{N}{s})! \qquad （3-22）$$

其中!表示阶乘。由此可见，随着图像块个数的增加，图像块间排列方式是以阶乘的形式增加，从而通过对图像进行穷尽攻击以获得水印嵌入方式，即破解 PCC 其计算复杂程度较高。

同时和猫映射构成的循环结构相比，伪随机循环链是由对初值极端敏感的 Logistic 混沌系统构成，而猫映射具有一定的周期，两者在水印的生成上具有同等程度的安全性，但前者比后者在对水印的嵌入位置的选择上更增加了一层安全性。

3.5.5.3 算法定位精度分析

图像认证水印技术要求对图像的篡改非常敏感，尤其是一些特殊的图像，如医疗图像、太空图像等，对图像的任何改动都要能准确检测出来。这里我们通过和文献[20]算法进行比较，说明本算法的优势。

文献[20]首先计算原始图像的奇异值，然后将每个奇异值取整后转换成 16 位的二进制数，并将其扩展成和原始图像大小相等的水印，嵌入到图像的最低有效位中。水印检测时，提取待测图像的最低有效位，并和原始水印进行比较。水印不同的位置即为被篡改的位置，同时通过待检图像的奇异值和恢复的奇异值的差异程度得到篡改区域强度。

实验过程中将图像最低有效位保持不变，调整两个图像任意两行或两列。理论上证明(3.5.1奇异值分解行列不变性证明)，矩阵的行或列互换奇异值不改变。因此行列调整后图像的奇异值和原始图像的奇异值差别不大，但由于最低有效位没有改变，从而使得文献[20]通过最低有效进行定位失败(图3-14)，同时待检测的图像和原始图像之间的奇异值差值虽然不大，但篡改程度足以严重，因此验证了直接由图像块矩阵的SVD值产生水印的不安全性和篡改定位精度不高的问题。该算法使用密钥控制Logistic系统产生混沌序列调制矩阵，使调制后的图像块矩阵奇异值生成的水印唯一，所以该算法对矩阵的行或列变化较为敏感（图3-14）。

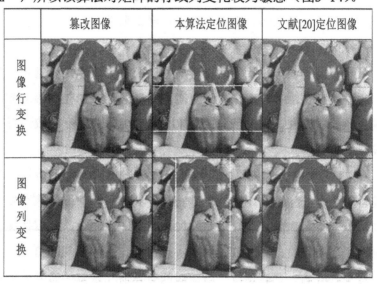

	篡改图像	本算法定位图像	文献[20]定位图像
图像行变换			
图像列变换			

图 3-14 行列变换及定位结果比较
Fig.3-14 Elementary Transformation of Matrix and comparison of Localization

　　图3-15中将三幅测试图像进行一定程度的篡改，对于Plane图像，将"F16"改为"F18"，同时在Lena图像上注明图片的名称"Lena"，在第三幅图像Lake上我们增加一条小船，如果没有原始图像，仅凭肉眼进行观察，篡改后图像不会带来太大的视觉不适应感。然而当在一些对完整性要求较为苛刻的领域，任何的篡改都是不能容忍的。通过本算法进行相应的篡改检测定位后，图像被篡改的区域能够正确检测并能进行准确定位，图中用白色小块

标注篡改区域。

图 3-15　篡改图像及定位结果

Fig.3-15 Tampered Image and Result of Localization

3.5.5.4 虚警和漏警情况分析

由于伪随机循环链和猫映射构成的循环结构都使得图像块间的关系变得一一相关，因此，虚警情况的出现方式和循环结构相同，去除或降低虚警的方法类似。这里着重讨论漏警发生的情况。漏警和虚警意义相反，即原本被篡改的图像在检测过程中被当作合法块而没有进行准确定位。图 3-14 中出现了较多的漏警情况，行或列交换的直线上有一些图像块逃过定位。如下两种情况下会发生漏警：1. 行或列变换后图像相应的位置像素值相等。对于灰度图像来说，其像素值从 0–255 之间变化，两个像素值相同的概率较大，且随着实际像素值的分布范围的变化更进一步变小。2. 像素值虽然发生变化，但其奇偶性未发生变化，同时其所在图像块的奇异值所产生的水印块很可能未发生变化，这使得算法检测过程中，像素值所在的图像块的最低有效位不变，同时生成的块水印不变而发生漏警。然而，虽然有少量图像块篡改区域发生漏警，但相对直接利用奇异值产生水印的算法，整个篡改区域定位轮廓较为清晰，满足完整性认证的需要。

3.6 本章小结

为了有效地验证数字图像的完整性以及在图像遭受一定程度的篡改攻击后能对篡改区域进行准确定位，本章利用两种混沌系统实现了两种图像认证水印算法。基于猫映射构成的循环结构的图像认证水印算法利用Logistic映射对初值的极端敏感性和猫映射的各态遍历性，将基于图像块内容的块水印嵌入循环结构中对应图像块的最低有效位，使两个不相关的图像块由于水印的嵌入变得相关，克服了块独立的缺点，可有效抵抗统计攻击和矢量量化攻击，提高了水印的安全性；同时构成循环的一一对应关系有效地解决了传统单一的一一对应块相关定位精度不高的问题。基于Logistic构成的伪随机循环链结构利用图像块的奇异值生成图像块水印，并嵌入到伪随机循环链映射出的对应图像块的最低有效位中，保持了块相关水印的篡改定位精度和循环结构的高安全性，算法同时证明了矩阵在行或列互换时奇异值不发生改变，指出直接利用图像块的奇异值生成水印时，水印检测过程容易发生漏检，从而定位精度不高。另外，对算法中出现的虚警情况进行了分析，并提出了相应的解决方法。两种算法中的水印均在空间域中嵌入，使得算法简单，具有较高的峰值信噪比和良好的篡改定位能力。

第4章 优化理论和分解理论的鲁棒性数字水印算法的研究

4.1 引言

数字多媒体，尤其是数字图像的数量越来越多，一定程度上使得数字图像的版权保护工作显得越来越重要。当一些具有重要意义的图片，诸如报道相关重要事件的新闻图片、作为法律证据的法学图片，或者是摄像爱好者的艺术作品、具有一定收藏价值的具有重要历史意义的电子作品等放置于网络进行交流时，一些恶意的攻击者想非法占有而引起版权争论时，鲁棒性数字水印技术凭借能够抵抗一定程度的攻击而有效解决版权纷争问题。本章重点研究了两类鲁棒性数字水印算法：一类是将优化理论中性能较为出色的支持向量机理论和数字水印算法结合起来；另一类是将数学中的分解理论——QR 分解引入鲁棒性数字图像水印技术。

4.2 基于优化理论的鲁棒性数字水印算法

数字图像像素间具有很强的相关关系，如何通过成熟的数学理论知识建立这种相关关系的理论模型，并通过该模型有效地进行数字水印的嵌入、提取或检测是一个值得研究的课题。优化理论中的神经网络、支持向量机等方法凭借其良好的回归和分类能力能有效地刻画这种关系。该部分分析了神经网络和支持向量机的基础理论知识，特别是从分类和回归两个方面对支持向量机在数字水印技术中的应用进行了理论上的研究，提出了一种新的基于支持向量机理论的鲁棒性数字图像水印算法。

4.2.1　人工神经网络基础理论分析

人工神经网络是在现代神经学、心理学以及生物学等科学研究成果的基础上发展起来的，反映了生物神经系统的基本特征，是对生物神经系统的某种抽象、简化与模拟。人工神经网络由大量分布和高速连接的并行处理单元(神经元)组成，具有强大的学习、泛化和非线性的逼近能力，这些特点与人眼的视觉系统具有很大的相似性。图 4-1 是神经网络最基本的结构，包含输入层、中间隐藏和输出层。每一层中都有一个或多个神经元，与邻层的神经元相连，每个连接上都有权值，代表相邻神经元间的连接程度，通过输入输出样本集的训练，调整权值和每个神经元的阈值，实现从输入到输出的任意非线性映射。神经网络在数字水印技术中的主要作用可以分为两种情况，一种是利用神经网络对图像的像素间的关系进行训练，使其能够有效刻画目标像素点和领域像素点之间的关系，从而利用两者之间的关系嵌入水印，提高载体图像嵌入水印后的质量，一种是利用神经网络的分类能力进行水印的检测，从而提高水印检测的正确率。

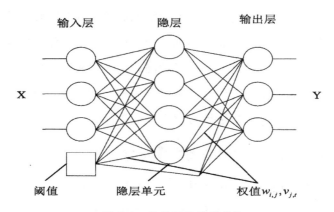

图 4-1　神经网络基本结构

Fig.4-1 Basic Structure of Neural Networks

4.2.2 支持向量机回归理论和分类理论分析

支持向量机是在统计学习理论的基础上发展起来的新一代学习算法，在文本分类、图像分类、手写识别、生物信息学等领域获得了较好的应用。支持向量机是苏联学者 Vapnic 等人于 1974 年提出，其优越性表现在[125]：1.支持向量机根据结构风险最小化原则，尽量提高学习机的泛化能力，即由有限的训练样本得到小的误差能够保证对独立的测试集仍保持小的误差；2.支持向量机算法是一个凸优化问题，因此局部最优解一定是全局最优解，这些特点是其他学习算法不能比拟的。图 4-2 是支持向量机的基本结构，包含输入向量、核函数的选取和输出结果。

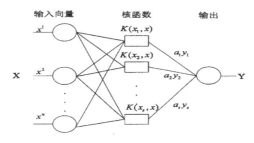

图 4-2　支持向量机基本结构

Fig.4-2 Basic Structure of Support Vector Machine

4.2.2.1　支持向量机的分类理论分析

嵌入在宿主图像中的数字水印一般为0和1的序列，相当于把水印分成两类情况，而支持向量机的良好分类理论对嵌入数据后的模式能够有效地进行数据的提取。在两类分类问题中[126-127]，设样本集为 $(x_1, y_1), \cdots, (x_n, y_n)$, $x_i \in \mathbf{R}^d, y_i \in \{-1, 1\}$, 分类超平面为 $(\mathbf{w} \cdot \mathbf{x}) + b = 0$, 分类的目标是使两类样本离分类超平面的距离最大（最大化分类间隔），Vapnic证明了最大的分类间隔为 $2 / \|\mathbf{w}\|$ ，由此知道最大分类间隔可以转化为最小化 $\|\mathbf{w}\|^2$ ， $\|\mathbf{w}\|^2$ 最小就相当于使VC维上届最小，所以学习问题最小化目标函数可以分为两个部分，一是减小VC维，二是减小经验风险：

$$\min \quad R(\mathbf{w}, \xi) = (\mathbf{w} \cdot \mathbf{w}) / 2 + C \sum_{i=1}^{n} \xi_i \qquad (4-1)$$

其约束条件是： $y_i[(\mathbf{w} \cdot \mathbf{x}) + b] \geq 1 - \xi_i, \xi_i \geq 0, i = 1, \cdots, n.$ ξ_i 为松弛变量，即在一定的情况下，允许一定的错误存在，C为惩罚因子，b表示偏差。

为了解这个优化问题，通过求对偶问题，引入拉格朗日系数：

$$L(\mathrm{w}, b, \boldsymbol{\xi}, \boldsymbol{\alpha}, \boldsymbol{\gamma}) = \frac{1}{2} \mathrm{w} \cdot \mathrm{w} + C \sum_{i=1}^{n} \xi_i - \sum_{i=1}^{n} \alpha_i [y_i(\mathrm{w} \cdot \mathrm{x}_i + b) - 1 + \xi_i] - \sum_{i=1}^{n} \gamma_i \xi_i$$

（4-2）

其中 $\alpha_i \geqslant 0, \gamma_i \geqslant 0$，根据极值的求法，求拉格朗日函数对 w，$b$ 和 ξ_i 的偏导数：

$$\frac{\partial}{\partial \mathrm{w}} L(\mathrm{w}, b, \xi_i, \boldsymbol{\alpha}, \boldsymbol{\gamma}) = 0, \frac{\partial}{\partial b} L(\mathrm{w}, b, \xi_i, \boldsymbol{\alpha}, \boldsymbol{\gamma}) = 0, \frac{\partial}{\partial \xi_i} L(\mathrm{w}, b, \xi_i, \boldsymbol{\alpha}, \boldsymbol{\gamma}) = 0$$

（4-3）

化简后得到：$\sum_{i=1}^{n} \alpha_i y_i = 0, \mathrm{w} = \sum_{i=1}^{n} \alpha_i y_i \mathrm{x}_i, C - a_i - \gamma_i = 0$

（4-4）

最后得到优化问题的对偶形式，最小化函数：

$$\min \quad W(\boldsymbol{\alpha}) = \frac{1}{2} \sum_{i,j=1}^{n} \alpha_i \alpha_j y_i y_j (\mathrm{x}_i \cdot \mathrm{x}_j) - \sum_{i=1}^{n} \alpha_i \qquad （4-5）$$

其约束为：$\sum_{i=1}^{n} \alpha_i y_i = 0, 0 \leqslant \alpha_i \leqslant C$，最后找到最优的判别函数：

$$f(\mathrm{x}) = \mathrm{sgn}\left(\sum_{i=1}^{l} y_i \alpha_i^*(\mathrm{x} \cdot \mathrm{x}_i) + b^*\right)，其中 l 是支持向量的个数。$$

（4-6）

4.2.2.2 支持向量机的回归理论分析

分类问题和回归问题的不同在于，分类问题中变量 y 仅取-1 和 1，即利用判别函数将相关问题化为两类情况；但在回归问题中，变量 y 可以取任意值。由于数字图像中的像素范围是 0-255，且像素间具有很强的相关性，因此利用支持向量机建立回归模型，通过调整预测值和实际值之间的差别进行水印嵌入和提取。在回归问题中[127]，假设样本集为 (x_1, y_1)，$\cdots$，(x_n, y_n)，$x_i \in \mathrm{R}^d$，$y_i \in R$，回归函数设为：

$$f(\mathrm{x}) = \mathrm{w} \cdot \boldsymbol{\Phi}(\mathrm{x}) + b \qquad (4-7)$$

优化问题最小化函数为：

$$\min \quad R(\mathrm{w}, \boldsymbol{\xi}, \boldsymbol{\xi}^*) = (\mathrm{w} \cdot \mathrm{w}) / 2 + C \sum_{i=1}^{n} (\xi_i + \xi_i^*) \qquad (4-8)$$

其条件为：$f(\mathrm{x}_i) - y_i \leq \xi_i^* + \varepsilon$，$y_i - f(\mathrm{x}_i) \leq \xi_i + \varepsilon$，$\xi_i^*, \xi_i \geq 0$，$\varepsilon \in R$，式 4-8 中前半部分使最小化函数更为平坦，提高其泛化能力，而后半部分减小了经验风险，从而通过常数 C 进行平衡折中。引入拉格朗日函数求出函数的对偶形式：

$$\mathbf{max} \quad W(\boldsymbol{a}, \boldsymbol{a}^*) = -\frac{1}{2} \sum_{i,j=1}^{n} (\alpha_i - \alpha_i^*)(\alpha_j - \alpha_j^*) \mathrm{K}(x_i \cdot x_j) + \sum_{i=1}^{n} (\alpha_i - \alpha_i^*) y_i - \sum_{i=1}^{n} (\alpha_i + \alpha_i^*) \varepsilon$$

$$(4-9)$$

其约束为 $\sum_{i=1}^{n} (\alpha_i - \alpha_i^*) = 0, 0 \leq \alpha_i, \alpha_i^* \leq C$，最后得到回归函数：

$$f(\mathrm{x}) = \sum_{i=1}^{n} (\alpha_i - \alpha_i^*) \mathrm{K}(\mathrm{x} \cdot x_i) + b \qquad (4-10)$$

实际应用中，通过式 4-9 得到最优的 a^*，然后利用训练数据求出 b，将测试数据用式 4-10 进行回归分析，即可得到预测的数值。通过上面的理论分析可知，嵌入二值的水印可以看成是支持向量机的分类问题，而利用回归理论模拟像素间的关系，可以相应地通过修改像素值嵌入水印。鲁棒性数字水印算法要求能够抵抗一定程度的攻击，因此，在选择目标值和其他输入量时必须考虑：1.目标值与其他输入量之间具有很强的相关关系，且相对变化较小；2.当图像经过常规处理后，这种关系一定程度上能够得到保持，即相互之间的关系较少受到影响。基于支持向量机的回归理论和相关分析，我们提出了一种新的基于 SVM 的鲁棒性水印算法。

4.2.3 基于 SVM 回归理论的鲁棒性数字水印的嵌入算法

（1）先将大小为 $M \times N$ 原始图像 $\mathbf{I}_0$ 划分为互不重叠、大小为 $r \times s$ 的图像块 $\mathbf{I}_l$（$l=1,2,\dots,(M/r) \times (N/s)$）：

$$\mathbf{I}_0 = \begin{vmatrix} \mathbf{I}_1 & \cdots & \mathbf{I}_{(N/s)} \\ \vdots & \ddots & \vdots \\ \mathbf{I}_{(M/r-1) \times (N/s)+1} & \cdots & \mathbf{I}_{(M/r) \times (N/s)} \end{vmatrix} \tag{4-11}$$

（2）用密钥 k_1 控制 Logistic 混沌系统建立 PCC，选取支持向量机的训练块和水印嵌入的目标块：

$$\text{PCC}=f(\text{Logistic}(k_1,\ (M/r) \times (N/s))) \tag{4-12}$$

（3）图像像素间存在领域关系、对角关系、行列关系和混合关系（图 4-3），这些的强相关性使得利用支持向量机进行回归分析成为可能，算法选择如下像素间关系作为支持向量机的输入模式：

$$\text{input} = (P_{(i,j)} \quad 1:\delta^1_{(i,j)} \quad 2:\delta^2_{(i,j)} \quad 3:\delta^3_{(i,j)} \quad 4:\delta^4_{(i,j)}) \tag{4-13}$$

其中 $P_{(i,j)}$ 为目标像素值，$\delta^1_{(i,j)}$，$\delta^2_{(i,j)}$ 和 $\delta^3_{(i,j)}$，$\delta^4_{(i,j)}$ 分别为如下特征值：

$$\delta^1_{(i,j)} = (1/N) \times (\sum_{l=-c_1}^{c_1} \sum_{r=-c_1}^{c_1} P_{(i,j)+(l,r)} - P_{(i,j)})$$

$$\delta^2_{(i,j)} = (1/N) \times (\sum_{l=-c_2}^{c_2} P_{(i,j)+(l,0)} + \sum_{r=-c_2}^{c_2} P_{(i,j)+(0,r)} - 2P_{(i,j)})$$

$$\delta^3_{(i,j)} = (1/N) \times (\sum_{l=-c_3}^{c_3} P_{(i,j)+(l,l)} + \sum_{r=-c_3}^{c_3} P_{(i,j)+(r,r)} - 2P_{(i,j)})$$

$$\delta^4_{(i,j)} = (1/N) \times (\sum_{l=-c_4}^{0} \sum_{r=0}^{c_4} P_{(i,j)+(l+r,r-l-2+r)} - P_{(i,j)})$$

其中，$c_1=1$, $c_2=2$, $c_3=2$, $c_4=2$, $N=8$。

（4）利用径向基(Radius Based Function, RBF)核函数，在训练图像块内利用式4-13建立支持向量机的回归模型；

（5）将k_2控制Logistic混沌系统通过阈值（式3-6和式3-8）产生二值序列，置乱二值图像，然后利用光栅扫描方式将二维序列变成一维序列：

$$\tilde{W}(i,j) = W(i,j) \times L(i,j)(i=1,2\cdots n, j=1,2\cdots m) \qquad (4\text{-}14)$$

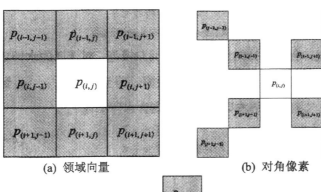

(a) 领域向量　　　　　　(b) 对角像素

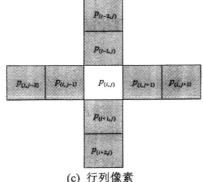

(c) 行列像素

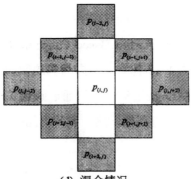

(d) 混合情况

图4-3 图像像素间的关系

Fig.4-3 Relationship Between Pixels

Step6：利用支持向量机建立的回归模型，对选取的水印嵌入图像块中的目标像素值 $p_{(i,j)}$ 进行预测，得到预测值 $y_{(i,j)}$，通过式4-15完成图像块的水印嵌入，得到含水印图像 I_w。

$$\bar{p}_{(i,j)} = \begin{cases} \max(p_{(i,j)}, y_{(i,j)} + \theta) & \text{if } w = 1 \\ \min(p_{(i,j)}, y_{(i,j)} - \theta) & \text{if } w = 0 \end{cases} \qquad (4\text{-}15)$$

其中 θ 表示水印的嵌入强度。

4.2.4 基于 SVM 回归理论的鲁棒性数字水印的提取算法

基于 SVM 的鲁棒性数字水印算法的提取过程和嵌入过程相同，首先利用混沌系统选择一定的训练图像块，并通过规定的输入模式建立支持向量机的回归模型，然后利用此模型对提取图像块的目标像素值进行预测，比较预测值 $\tilde{y}_{i,j}$ 和实际值 $\tilde{p}_{i,j}$，提取调制前水印图像 $\tilde{w}$，将 k_2 控制 Logistic 混沌系统产生二值混沌序列

调制 $\tilde{w}$ (式4-14)得到水印图像 $\overline{w}$ 。

$$\tilde{w} = \begin{cases} 1 & \text{if} \quad \tilde{p}_{(i,j)} \geq \tilde{y}_{(i,j)} \\ 0 & \text{if} \quad \tilde{p}_{(i,j)} < \tilde{y}_{(i,j)} \end{cases} \qquad (4\text{-}16)$$

4.2.5　实验结果分析和算法鲁棒性分析

4.2.5.1　实验结果

为了验证算法的有效性，选取大小为512×512灰度图像Lena作为测试图像，32×32的二值图像"水印"作为水印图像，选取1024个像素作为训练的长度，同时，$k_1 = 0.4$，$k_2 = 0.3$，算法中嵌入强度因子为12，RBF径向基函数为核函数。

算法采用峰值信噪比（PSNR）衡量含水印前后图像之间的关系，同时采用误比特率（BER）测试提取的水印和原始水印图像之间的差异。从图4-4可看出，含水印图像保持了较好的视觉效果，和原始图像相比在直观上没有较大区别，两者之间的峰值信噪比为50.248dB。图像在没有遭受任何攻击时能够完全提取出所含水印图像，即提取的水印图像和原始水印图像之间的误比特率为0。

(a) 宿主图像　　(b)水印图像　　(c) 含水印图像　　(d)提取的水印图像

图 4-4　实验测试结果

Fig.4-4 Experimental Results

4.2.5.2 算法性能鲁棒性分析

鲁棒性作为衡量算法好坏的标准，目标是测试含水印图像在经历一系列图像的攻击后，利用提取算法提取的水印图像具有较好的视觉效果，从而能够有效地对数字图像进行数字版权保护。

图 4-5 是含水印图像经过一系列的常规图像处理后的图像质量的变化和提取出的水印和原始水印之间的误比特率。从中我们可以看出，图像在经历了三种形式的噪声攻击后，质量发生较大的变化。尤其是椒盐噪声攻击后的图像和原始含水印图像间的 PSNR 只有 19.546dB，但提取出的水印的视觉效果较好，BER 为 0.0693。由于该算法选择的输入模式为均值形式，算法在抗中值滤波时，鲁棒性较差。原因在于中值滤波的基本原理[128]是利用窗口的形式把数字图像中某一点的数值利用目标点周围一个领域范围内的各点的中值进行代替，设 $\{x_{ij}, (i, j) \in \mathbf{R}^2\}$ 为数字图像中的各点的灰度值，滤波窗口为 A 的二维中值滤波为：

$$y_{ij} = \text{Med}_{A}\{x_{ij}\} = \text{Med}\{x_{(i+r),(j+s)}, (r,s) \in A, (i,j) \in R^2\} \qquad (4\text{--}17)$$

由此可见，中值滤波一定程度上使得所选择的中值和均值较为接近，破坏了图像像素间存在的相关关系，使图像变得平滑，这和本算法采用的输入模式相冲突，因此一定程度上影响了提取算法的提取效果，提取后的水印图像较难辨认。

对于 JPEG 有损压缩，由于该算法在空域中进行，而 JPEG 在变换域中进行，算法随着压缩率的增加，图像质量越来越差，提取水印的可视效果也相应变得模糊。当压缩因子为 90 时，水印的误比特率为 0.049。但当压缩因子为 50 时，误比特率高达 0.199，但依旧能够看出水印的轮廓，一定程度上满足版权保护的要求。

当图像被剪除 1/4 后，由于算法选取的训练模式和嵌入目标像素遍历整个图像块，因此训练模式虽然发生变化，但数量相对较少，对目标图像块水印的提取仍然具有一定的指导作用，因此提取水印的效果较好，其 BER 为 0.1240，和理论值吻合，即 0.1240×4=0.496≈0.5。

另外，图像在抵抗亮度增强（50%）和对比度增强（50%）的过程中，也表现了较好的鲁棒性，其误比特率分别为 0.003 和 0.127。

攻击 类型	高斯噪声(5%)	椒盐噪声(0.04)	均值噪声(5%)
攻击 图像			
PSNR	31.203dB	19.546dB	35.934dB
水印 图像			
BER	0.038	0.069	0
攻击 类型	中值滤波	剪切1/4	JPEG90
攻击 图像			
PSNR	36.217dB	11.272dB	41.616dB
水印 图像			
BER	0.404	0.124	0.049
攻击 类型	JPEG50	亮度增强(50%)	对比度增强(50%)
攻击 图像			
PSNR	38.131dB	14.180dB	16.617dB
水印 图像			
BER	0.199	0.003	0.127

图 4-5 各种攻击实验结果

Fig.4-5 Experimental Results for Attacks

4.2.5.3 算法性能对比测试

为了更好测试该算法的性能，通过三种宿主图像测试嵌入水印后图像的质量，表4-1给出了三种算法嵌入水印图像后的PSNR值，其中文献[58]中利用8×10×1三层BP神经网络，通过像素间的领域关系进行模拟预测目标像素值，从而修改预测值和实际值之间的差值完成水印的嵌入，其嵌入强度为1。由于神经网络容易产生过学习现象，且隐层节点数需要根据经验获取，文献[71]中将文献[58]中的神经网络用支持向量机进行回归，选取一定的目标像素值并采用单一的领域相关关系训练和测试，从而嵌入水印。两种算法都是首先选取目标像素，然后对其利用领域关系进行回归分析，这种算法存在一个较为严重的缺陷，即如果目标像素值相距较近，像素的修改必然引起像素间的相关关系发生改变，从而影响提取水印的准确率。从PSNR值看出，和文献[71]算法比较，该算法的PSNR普遍高于1dB，相对于基于神经网络的算法，该算法的图像质量要高于2dB。这说明该算法嵌入水印后的图像质量较好，对于各种纹理类型的图像，都能较好地保持。

表4-1　含水印图像质量比较

Tab.4-1 PSNR Comparisons of Watermarked Images

算法	测试图像			
	Lena	Plane	Baboon	Peppers
本书算法	50.248	50.390	47.866	49.528
文献[58]	47.676	47.3206	/	47.458
文献[71]	49.223	47.911	45.960	48.404

表 4-2 给出了三种方法在各种攻击条件下的对比实验结果，三种算法在抗亮度增强上性能几乎相同；在抗噪声攻击上，本书算法表现较好；在图像对比度增强和抗剪切方面，另外两个算法的性能较好；然而对于 JPEG 有损压缩，在低质量的压缩条件下，图像的像素间的关系破坏程度较大，本算法一定程度上保持这种相关关系的能力更强，从而提取水印的误比特率（0.199）较其他两类算法（0.255, 0.325）低。同时，由于本书采取的均值输入模式，使其在抵抗中值滤波方面鲁棒性较差，然而文献[71]的误比特率也高达 0.214。因此，三种算法都具有一定程度优势和不足，在以后的工作中，如何选择合适的输入模式，吸取各自算法的优点，特别是能有效地抵抗中值滤波是一个待解决的问题。

表 4-2　各种攻击测试实验对比结果

Tab.4-2 Comparisons of Experimental Results for Attacks

攻击类型	本书算法		文献[58]		文献[71]	
	PSNR	BER	PSNR	BER	PSNR	BER
高斯噪声(5%)	31.203	0.038	23.436	0.118	27.526	0.089
椒盐噪声(0.04)	19.546	0.069	/	/	18.933	0.090
均值噪声(5%)	35.934	0	26.683	0.060	29.489	0.026
中值滤波	36.217	0.404	/	/	41.064	0.214
剪切(1/4)	11.272	0.124	9.425	0.107	11.341	0.079
JPEG(90)	41.616	0.049	38.114	0.021	41.916	0.009
JPEG(50)	38.131	0.199	31.892	0.325	36.939	0.255
亮度增强(50%)	14.180	0.003	9.425	0.003	13.645	0
对比度增强(50%)	16.617	0.127	13.121	0.032	16.503	0.027

4.3 基于分解理论的鲁棒性
数字水印算法的研究

分解理论具有很强的数学基础，因此在很多领域都有应用。本书在第三章的图像认证水印算法和第五章的零水印算法中均用到了分解理论—奇异值分解（SVD），SVD 在鲁棒性水印算法中也有较多应用[71-91]。本章将一种新的分解理论，即 QR 分解引入鲁棒性数字图像水印算法中，并对 QR 分解的基础理论进行分析，验证利用 QR 分解进行水印嵌入和提取的有效性，同时和传统的基于 SVD 的水印算法相比，具有较好的鲁棒性。

4.3.1 QR 分解基础理论分析

QR分解[129]（Orthogonal-triangular Decomposition）是一种正交分解，适用于任何矩阵，其定义和求解如下：

$$
A = \begin{bmatrix} a_{1,1} & \cdots & a_{1,N} \\ a_{2,1} & \cdots & a_{2,N} \\ \vdots & \ddots & \vdots \\ a_{N,1} & \cdots & a_{N,N} \end{bmatrix} = [a_1, a_2, \cdots, a_n] = \text{qr}(A) = QR
$$

$$
= \begin{bmatrix} q_{1,1} & \cdots & q_{1,N} \\ q_{2,1} & \cdots & q_{2,N} \\ \vdots & \ddots & \vdots \\ q_{N,1} & \cdots & q_{N,N} \end{bmatrix} \begin{bmatrix} r_1 & r_2 & \cdots & r_N \\ 0 & r_{N+1} & \cdots & r_{2N-1} \\ \vdots & \vdots & \ddots & \vdots \\ 0 & 0 & \cdots & r_{\frac{N(N+1)}{2}} \end{bmatrix}
$$

$$= [-\eta_1, -\eta_2, \cdots, -\eta_n] \begin{bmatrix} -\|\beta_1\| & -(\alpha_2, \eta_1) & \cdots & -(\alpha_n, \eta_1) \\ 0 & -\|\beta_2\| & \cdots & -(\alpha_n, \eta_2) \\ \vdots & \vdots & \ddots & \vdots \\ 0 & 0 & 0 & -\|\beta_n\| \end{bmatrix}$$

$$(4-18)$$

其中：$\|\ \|$ 和 $(\cdot, \cdot)$ 分别表示范数和点乘运算，即 $(\alpha, \beta) = \alpha \cdot \beta = \sum_{i=1}^{n} \alpha_i \beta_i$；

同时，$\beta_1 = \alpha_1$；$\eta_1 = \alpha_1 / \|\beta_1\| = \alpha_1 / \|\alpha_1\|$；

$\beta_2 = \alpha_2 - (\alpha_1, \eta_1)\eta_1$；

$\eta_2 = \beta_2 / \|\beta_2\| = [\alpha_2 - (\alpha_1, \eta_1)\eta_1] / \|\alpha_2 - (\alpha_1, \eta_1)\eta_1\|$；

$\beta_n = \alpha_n - (\alpha_n, \eta_1)\eta_1 - (\alpha_{n-1}, \eta_1)\eta_1 - \cdots - (\alpha_2, \eta_1)\eta_1 - \cdots - (\alpha_n, \eta_{n-1})\eta_{n-1}$

$= \alpha_n - \sum_{i=1}^{n}(\alpha_i, \eta_1)\eta_1 - \sum_{i=2}^{n}(\alpha_i, \eta_2)\eta_2 - \cdots - \sum_{i=n-2}^{n}(\alpha_i, \eta_{n-2})\eta_{n-2} - (\alpha_n, \eta_{n-1})\eta_{n-1}$

$\eta_n = \beta_n / \|\beta_n\|$。

QR分解将矩阵分解为一个正交矩阵Q阵和一个上三角矩阵R阵的乘积，其中上三角矩阵的第一行即 $-(\alpha_i, \eta_1)(i = 1, 2, \cdots, n)$ 由于其较大的数值表明第一行聚集了矩阵的能量。Q阵的第一列为 $-\eta_1$，代表了像素间的大小关系。因此Q阵良好的正交特性能够有效地抵抗图像矩阵的攻击。同时，我们得到如下两个结论：

结论1：QR分解中的R 阵决定了原始矩阵的复杂程度；

结论2：可以通过修改Q矩阵的第一列系数嵌入水印。

(a) 原始图像　　　　　(b) 亮度增强图像

图 4-6　QR 分解有效性示例

Fig.4-6 Effectness Example of QR Decomposition

这里给出一个例子说明 QR 分解后 Q 矩阵系数之间的关系：原始宿主图像和失真图像见图 4-6。表 4-3(a)和表 4-3(b)给出了原始图像块和对应的亮度增强之后图像块的像素值的大小，表 4-3(c)和表 4-3(d) 给出了表 4-3(a)和表 4-3(b)对应的 QR 分解后的 Q 阵。从表中可以看出，Q 阵第一列系数幅度之间的关系在失真前后没有发生改变，对于原始宿主图像：QR 分解后 Q 阵的第一列中第二行和第三行系数间的大小关系为：$|-0.5072|>|-0.4905|$。对应的失真图像，QR 分解后 Q 阵第一列中第二行和第三行系数之间大小关系为$|-0.5053|>|-0.4930|$。由此可见，虽然图像失真后像素值发生了很大的改变，然后图像分解后对应的 Q 矩阵第一列系数之间的关系没有发生改变。图 4-7 给出了图像经过一系列图像处理，诸如 JPEG 压缩(压缩因子：70)，噪声攻击(0.03)，亮度增强（50%），对比度增强 （50%），模糊和锐化后图像块 QR 分解后 Q 矩阵第一列系数符号是否发生改变的统计图。从图中可以看

出，第一列系数的符号没有改变，较好地保持了图像失真前后系数之间的关系，而后面三列系数的符号都不同程度被改变。因此通过修改 QR 分解后 Q 阵的第一列进行水印的嵌入具有一定的可行性。

表 4-3　原始宿主图像和亮度增强图像 QR 分解后 Q 矩阵系数之间的关系

Tab.4-3 Relationship of QR Decomposition Transformed Q Component Coefficients between the Original Block and Its Corresponding Luminance-enhanced Block

(a)原始图像块：			
122	118	118	118
122	122	115	117
118	113	114	119
119	113	117	119
(b)亮度增强图像块：			
164	160	160	160
164	164	156	158
160	153	155	161
161	153	158	161
(c)图像块(a)对应的 Q 阵：			
−0.5072	0.0476	0.1714	−0.8432
−0.5072	−0.8151	0.0648	0.2721
−0.4905	0.2901	−0.8084	0.1471
−0.4947	0.4991	0.5593	0.4395
(d)图像块(b)对应的 Q 阵：			
−0.5053	−0.1222	0.7193	−0.4607
−0.5053	−0.7558	−0.2956	0.2931
−0.4930	0.3714	−0.6052	−0.5026
−0.4961	0.5252	0.1699	0.6701

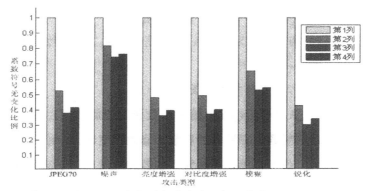

图 4-7　*Q* 阵各列向量符号改变统计图

Fig.4-7 Ratio of Invariant Symbol in Each Column Component of Q matrix

4.3.2 基于 QR 分解的鲁棒性数字水印嵌入算法

在水印嵌入过程中，水印图像 $w_{m \times n}$ 通过修改PCC所选图像块QR分解后的Q 阵的第一列系数进行嵌入，具体过程如下：

（1）先将大小为 $M \times N$ 原始图像 I_0 划分为互不重叠、大小为 $r \times s$ 的图像块 I_l（$l=1,2,\cdots,(M/r) \times (N/s)$）：

$$I = \begin{bmatrix} I_1 & \cdots & I_{(N/S)} \\ \vdots & \ddots & \vdots \\ I_{(M/r-1) \times (N/s)+1} & \cdots & I_{(M/r) \times (N/s)} \end{bmatrix} \qquad (4-19)$$

（2）对每一图像块进行 QR 分解：

$$[Q_{i,j}, R_{i,j}] = qr(I_{i,j}), (i=1,2,\cdots,r, j=1,2,\cdots,s) \qquad (4-20)$$

其中，qr表示 QR分解，$I_{i,j}$ 表示图像块(i,j)，$Q_{i,j}$ 和 $R_{i,j}$ 分别表示图像块矩阵 $I_{i,j}$ 分解后的Q矩阵和R矩阵。

（3）通过密钥k控制Logistic系统建立PCC：

$$PCC=f(LM(k,(M/r) \times (N/s))). \qquad (4-21)$$

（4）通过 PCC 选择嵌入水印的图像块。

（5）将二维水印图像 $\mathbf{w}_{m \times n}$ 调整成一维二值序列：$w_l(l=1,2,\cdots,m \times n)$。

（6）水印按如下步骤嵌入：

修改QR分解后Q阵的相关系数会改变原始宿主图像的像素值，从而降低含水印图像的质量。修改程度越大，给图像造成的失真越大，但鲁棒性相对越好；修改程度越小，视觉质量较好，但同时鲁棒性相对较差。因此需要选择合适的阈值调整图像质量和鲁棒性之间的均衡关系。

假设水印比特 w_l 对应图像块的坐标为 (i,j)。 当 $w_l=1$，通过如下方式嵌入水印：

$$\triangle_1 = \left|\mathbf{Q}_{(i,j)}(2,1)\right| - \left|\mathbf{Q}_{(i,j)}(3,1)\right|, \triangle_2 = -\triangle_1.$$

$if \quad \triangle_1 \geqslant T, \mathbf{Q}'_{(i,j)}(2,1) = \mathbf{Q}_{(i,j)}(2,1), \mathbf{Q}'_{(i,j)}(3,1) = \mathbf{Q}_{(i,j)}(3,1);$

$if \quad \triangle_2 \geqslant T, \mathbf{Q}'_{(i,j)}(2,1) = \mathbf{Q}_{(i,j)}(3,1), \mathbf{Q}'_{(i,j)}(3,1) = \mathbf{Q}_{(i,j)}(2,1);$

$if \quad 0 \leqslant \triangle_1 < T,$

$$\mathbf{Q}'_{(i,j)}(2,1) = -\left\|\mathbf{Q}_{(i,j)}(2,1)\right| + \left|T - \triangle_1\right|/2\right|,$$

$$\mathbf{Q}'_{(i,j)}(3,1) = -\left\|\mathbf{Q}_{(i,j)}(3,1)\right| - \left|T - \triangle_1\right|/2\right|;$$

$if \quad 0 < \triangle_2 < T,$

$$\mathbf{Q}'_{(i,j)}(2,1) = -\left\|\mathbf{Q}_{(i,j)}(3,1)\right| + \left|T + \triangle_2\right|/2\right|,$$

$$\mathbf{Q}'_{(i,j)}(3,1) = -\left\|\mathbf{Q}_{(i,j)}(2,1)\right| - \left|T + \triangle_2\right|/2\right|;$$

当 $w_l=0$ 时，则通过如下方式嵌入水印：

$$if \quad \triangle_1 \geqslant T, \quad Q'_{(i,j)}(2,1) = Q_{(i,j)}(3,1), Q'_{(i,j)}(3,1) = Q_{(i,j)}(2,1),$$

$$if \quad \triangle_2 \geqslant T, \quad Q'_{(i,j)}(2,1) = Q_{(i,j)}(2,1), Q'_{(i,j)}(3,1) = Q_{(i,j)}(3,1),$$

$$if \quad 0 \leqslant \triangle_1 < T,$$

$$Q'_{(i,j)}(2,1) = -\left\|Q_{(i,j)}(3,1)\right\| |T + \triangle_1| \Big|$$

$$Q'_{(i,j)}(3,1) = -\left\|Q_{(i,j)}(2,1)\right\| |T + \triangle_1| \Big|$$

$$if \quad 0 < \triangle_2 < T, \quad Q'_{(i,j)}(2,1) = -\left\|Q_{(i,j)}(2,1)\right| - |T + \triangle_2|/2\right|,$$

$$Q'_{(i,j)}(3,1) = -\left\|Q_{(i,j)}(3,1)\right| + |T + \triangle_2|/2\right|$$

重复上面的步骤直到所有水印比特都嵌入宿主图像中。

（7）对嵌入水印的图像块进行QR分解的逆运算，得到含水印图像 I_w。

$$I'_{i,j} = Q'_{i,j} \times R_{i,j}, (i=1,2,\cdots,r, j=1,2,\cdots,s).$$

$$I_w = \begin{bmatrix} I'_1 & \cdots & I'_{N/s} \\ \vdots & \ddots & \\ I'_{(M/r-1)\times(N/s)+1} & \cdots & I'_{(M/r)\times(N/s)} \end{bmatrix} \tag{4-22}$$

4.3.3 基于 QR 分解的鲁棒性数字水印提取算法

该算法水印提取过程中不需要原始宿主图像，属于盲水印算法。水印提取和水印嵌入算法大致相同，具体步骤如下：

（1）将测试图像 I_w 分成大小为 $r \times s$ 互不重叠的图像块；

（2）对每一图像块进行 QR 分解；

（3）通过密钥k控制Logistic系统建立PCC；

（4）通过 PCC 选择提取水印的图像块；

（5）嵌入的水印序列 $\overline{w}_l$ （$l=1,2,\cdots,m \times n$）按照如下方式进行

提取:

$$\overline{w}_l = \begin{cases} 1 & if \quad \left|Q_{(i,j)}(2,1)\right| \geq \left|Q_{(i,j)}(3,1)\right|, \\ 0 & Otherwise, \end{cases} \tag{4-23}$$

重复上面的步骤直到所有的水印比特都被提取出来。

（6）将提取出来的一维水印比特调整成二维的水印图像 $\overline{w}$ 。

4.3.4 实验结果分析和算法鲁棒性分析

4.3.4.1 实验结果

	Plane	Baboon	Lena
原始宿主图像		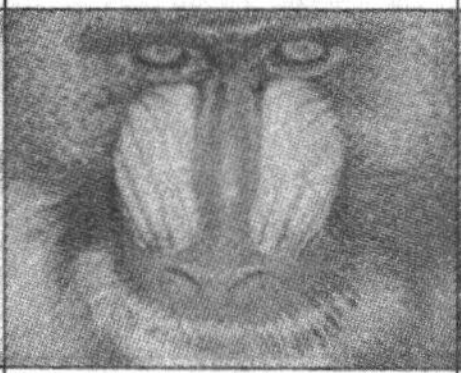	
水印图像			
含水印图像		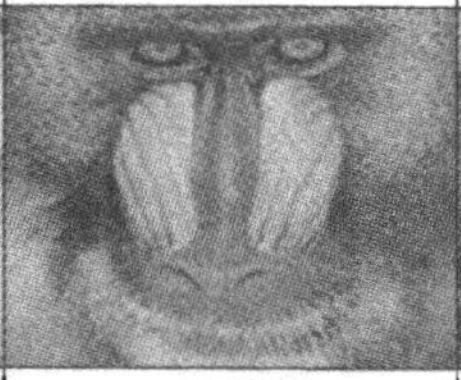	
PSNR	42.74dB	40.05dB	44.43dB
提取水印			
BER	0	0	0

图 4-8　原始宿主图像、含水印图像、原始水印和提取出的水印图像

Fig.4-8 Original Host Images, Watermarked Images,

Original Watermark Images and Extracted Watermark Images

为了验证算法的有效性，实验选取大小为 512×512 的 Lena，plane，baboon 三个灰度图像作为宿主图像，大小为 32×32 的二值

图像作为水印图像（如图 4-8），图像块大小为：$r \times s = 4 \times 4$，产生 PCC 的密钥为 k=0.123，阈值 T=0.42。

图 4-8 给出了含水印图像和提取出的水印图像。由图可知，含水印图像的峰值信噪比都在 40 dB 以上，满足视觉要求。同时提取出的水印图像和原始水印图像相同，误比特率为 0，表明算法嵌入水印后的图像具有较好的视觉效果以及原始宿主图像不经过任何攻击时能够完全提取出所含的水印。

4.3.4.2 鲁棒性分析

鲁棒性指含水印图像在遭受一定程度的攻击失真后，提取出的水印图像视觉质量较好，从而能有效地进行版权归属认证。鲁棒性是衡量算法好坏的重要指标。

图 4-9 给出了图像在遭受攻击失真后含水印图像和提取的水印的情况，攻击后的含水印图像的下方是相应的提取出的水印图像。从提取出的水印图像可以看出，尽管含水印图像失真较为严重，但提取出的水印图像具有较好的视觉效果，所有提取出的水印图像和原始水印图像之间的误比特率都小于 0.1，有的甚至为 0，提取出的水印图像满足版权归属认证的需要。

攻击类型	锐化	剪切(1/4)	亮度增强(50%)
攻击图像			
PSNR	33.737dB	11.271dB	16.372dB
水印图像			
BER	0.0029	0.0811	0
攻击类型	对比度增强（50%）	噪声（0.03）	JPEG90
攻击图像			
PSNR	28.881dB	20.777dB	40.102dB
水印图像			
BER	0	0.0 215	0.0303
攻击类型	JPEG70	模糊	篡改
攻击图像			
PSNR	37.985dB	40.513dB	28.112dB
水印图像			
BER	0.0752	0.0254	0.0059

图 4-9　攻击失真图像和对应提取出的水印图像

Fig.4-9 Attacked Images and Its Corresponding Extracted Watermark Images

4.3.4.3 算法性能对比测试

为了进一步测试算法的鲁棒性和算法的优势，将含水印图像经过常规的图像处理，同时利用归一化相似系数作为评价指标（Normalized Correlation coefficient,NC 式 4-24 和式 4-25）和 Li[47]，Lin[48]算法进行比较。

$$\overline{W}\,'(i,j) = \begin{cases} -1, & \overline{W}\,(i,j) = 0, \\ 1, & \text{otherwise}, \end{cases} \qquad (4-24)$$

$$NC = \frac{\sum_{i=1}^{m}\sum_{j=1}^{n}(\overline{W}\,'(i,j) \times W\,'(i,j))}{m \times n}, \qquad (4-25)$$

其中 $\overline{W}\,(i,j), W\,(i,j) \in \{0,1\}$，$\overline{W}\,'(i,j), W\,'(i,j) \in \{-1,1\}$，以及 m, n 表示水印图像大小。

表4-4给出了该算法和 Li 以及Lin等人算法性能比较结果，当图像遭受剪切和锐化攻击后，该算法的归一化相似系数高于Lin的算法，这是因为该算法使用了PCC之后，水印的嵌入图像块遍历性较好。但在图像有损压缩方面，由于 Li 和 Lin 的算法均为

表4-4　该算法(44.43dB)和Li算法(40.6dB)及Lin算法(44.25dB)性能比较

Tab.4-4 Comparison of the proposed method (PSNR=44.43dB) and the method proposed in Li (PSNR=40.6dB) and Lin (PSNR=44.25dB)

鲁棒性测试	Li[15]	Lin[16]	Our method
	NC	NC	NC
JPEG(90)	0.7800	1	0.9395
JPEG(70)	0.6300	1	0.8496
JPEG(50)	0.5200	0.9800	0.7988
剪切(25%)	0.6100	0.7000	0.8379
锐化	0.3800	0.9900	0.9941

变换域(DWT)算法，而该算法采用空域嵌入算法，归一化相似度不如 Lin 的算法，但满足可视效果。同时由表可看出，该算法的归一化相似系数均高于 Li 的算法。

同时将算法的仿真结果与Sun和Chang的基于SVD的算法[87-88]进行比较。首先介绍Sun和Chang等人的算法流程。Sun利用SVD分解后求得图像的最大奇异值，通过量化最大奇异值的方式嵌入水印。其过程简单描述为：

（1）将图像 I_o 分成大小为 $r \times s$ 互不重叠的图像块；

（2）对每一图像块进行 SVD 分解；

（3）用预先设定好的量化系数 Q 对图像块分解后D矩阵中的最大系数即 $D(1,1)$ 进行量化，设 $z = \text{mod}(D(1,1), Q)$；如果嵌入水印为0，则按如下规则嵌入：

$$D'(1,1) = \begin{cases} D(1,1) + Q/4 - z & z \in [0, 3Q/4) \\ D(1,1) + 5Q/4 - z & z \in [3Q/4, Q) \end{cases} \quad (4\text{-}26)$$

如果嵌入水印为 1，则按如下规则嵌入：

$$D'(1,1) = \begin{cases} D(1,1) - Q/4 + z & z \in [0, Q/4) \\ D(1,1) + 3Q/4 - z & z \in [Q/4, Q) \end{cases} \quad (4\text{-}27)$$

（4）对嵌入数据后的图像块进行逆 SVD 变换，得到含水印图像。

提取水印过程：

（1）将测试图像 I_w 分成大小为 $r \times s$ 互不重叠的图像块；

（2）对每一图像块进行 SVD 分解；

（3）用预先设定好的量化系数 Q 对图像块分解后D矩阵中的

最大系数即 $D(1,1)$ 进行量化，设 $z=\mathrm{mod}(D(1,1), Q)$;

（4）按照如下规则进行水印的提取：

$$w' = \begin{cases} 0 & z' \in [0, Q/2) \\ 1 & z' \in [Q/2, Q) \end{cases} \tag{4-28}$$

图 4-10 给出了 Chang 等人的基于 SVD 的鲁棒性水印算法的基本框架结构，其核心思想是通过检测奇异值分解后 D 矩阵的系数从而判断图像块的复杂程度，然后修改 U 矩阵的系数完成水印的嵌入；水印提取时利用 D 矩阵的复杂程度确定含水印的图像块，并通过比较 U 矩阵的系数大小关系提取出所含水印。

我们调整阈值 T 为 0.028，同时 LM 的初值为 0.123 使得 Lena 图像嵌入水印后的 PSNR 为 46.41 dB；选择阈值 T 为 0.040，LM 的初值为 0.123 使得 Plane 图像嵌入水印后的 PSNR 为 42.97dB。同时对于图像 Baboon，选择阈值 T 为 0.042，同时 LM 的初值为 0.02 使得嵌入水印后的 PSNR 为 40.15 dB。将嵌入水印的图像经过 JPEG 压缩(压缩因子为 70)，噪声攻击、剪切、锐化和模糊处理验证其有效性，处理后图像的 PSNR 分别为: Lena （38.3526 dB, 20.8169 dB, 10.5764 dB, 34.2547 dB, 40.7449 dB），Plane （37.3421 dB, 20.4894 dB, 9.1142 dB, 31.9586 dB, 38.6573 dB），Baboon （32.2600 dB, 13.5373 dB, 10.0863 dB, 24.6824 dB, 30.8567 dB）。

图 4-10 Chang 的基于 SVD 算法模型

Fig.4-10 Algorithm Scheme Based SVD of Chang's

图4-11选取了Lena，Baboon和Plane作为宿主图像测试三种算法在几种图像处理情况下的鲁棒性情况。对于噪声攻击，基于SVD的Sun等人的算法表现不佳，其BER高达0.45，而Chang和基于QR分解的本书算法在抵抗噪声攻击上表现了较强的鲁棒性，其BER均低于0.1，说明了基于QR的算法和Chang等人的算法在抵抗噪声方面优于基于量化理论的算法。当图像遭受高达25%的剪切时，PCC的使用使得图像的嵌入和提取块遍布整个图像，提取出的水印图像的BER低于0.1，低于Sun的算法，但略高于Chang的算法。在抗锐化和模糊攻击方面，基于QR的算法和Chang的算法性能相当，但高于Sun基于量化的鲁棒性算法，这些都说明该算法在保护数字版权方面表现出了较好优势。

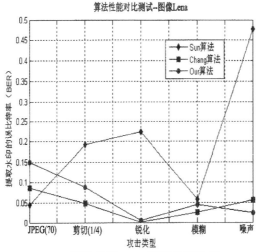

(a) 算法关于 Lena 图像性能比较

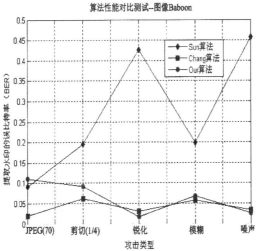

(b) 算法关于 Baboon 图像性能比较

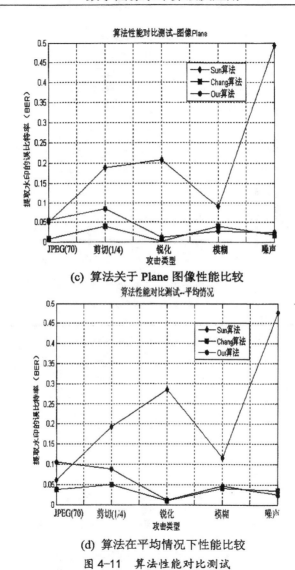

(c) 算法关于 Plane 图像性能比较

(d) 算法在平均情况下性能比较

图 4-11 算法性能对比测试

Fig.4-11 Comparison of Our Scheme and SVD-based Scheme

　　然而对于 JPEG 压缩, Sun 算法通过对包含整个图像块能量的最大系数进行量化嵌入水印, 从而保持了较好的抗 JPEG 压缩的能力, 而 Chang 通过 D 矩阵的复杂程度控制嵌入图像块的选择, 从而在一定程度的压缩率下, 系数改变的幅度比基于 QR 分解后 Q 阵的第一列系数变化程度小, 使得提取水印的效果要好。然而基于 QR 分解的水印算法, 图像块的选取是由混沌系统控制, 不需要进行额外的判别和保存。从图 4-11(d)算法在平均情况下的性能比较来看, 基于 QR 分解的鲁棒性水印的算法性能较 Chang 的算法性能稍差, 但高于 Sun 基于量化理论的水印算法。从而说明通过修改 QR 分解后 Q 阵第一列系数嵌入水印具有较好的鲁棒性。

4.4　本章小结

　　为有效地解决数字图像的版权问题, 提出了一种基于优化理论中具有很好学习能力和泛化能力的支持向量机的鲁棒性数字水印算法, 利用其良好的回归理论建立图像像素间的相关关系模型, 通过修改像素的预测值和实际值之间的差值嵌入水印。同时利用具有一定数学基础的分解理论提出了一种基于 QR 分解的鲁棒性水印算法, 该算法通过修改 QR 分解后 Q 矩阵的第一列系数嵌入水印, 对原始宿主图像产生较小的失真。两种算法在水印提取过程中均不需原始宿主图像, 为盲水印算法, 同时对含水印图像进行了一系列诸如 JPEG 压缩、剪切等常规的图像处理，实验结果表明，在遭受一定程度的攻击后，含水印图像能够有效提取所含水印，表明算法具有较高的鲁棒性。

第 5 章 基于奇异值分解的 零水印算法的研究

5.1 引言

传统的数字水印算法通过各种各样的方式或多或少地对图像的内容进行了修改，有些通过直接修改图像的像素值（如第四章中基于 SVM 的鲁棒性数字水印算法）进行水印的嵌入，有些通过间接修改图像的其他特征（例如第四章的基于 QR 分解的鲁棒性数字水印算法）进行水印的嵌入。通过修改图像内容的水印算法存在一定的弊端：（1）直接或间接修改图像内容的做法对图像造成了一定程度的破坏，对于较为重要的图像，内容的修改可能会造成较为严重的损失；（2）数字水印的不可感知性和鲁棒性之间的矛盾，图像嵌入水印后视觉效果和算法的鲁棒性相互之间矛盾，嵌入强度和图像质量的均衡问题很难处理。

零水印技术作为特殊的数字水印技术通过提取图像特征构造水印信息，从而实现版权保护。由于其不改变原始图像数据，有效地避免了嵌入水印对图像造成的影响，很好地解决了通过修改图像内容嵌入水印算法存在的问题。本章对零水印算法进行研究，提出了一种新的基于奇异值分解的零水印算法。

5.2 零水印基本算法研究

5.2.1 基于 PCA 的零水印算法

文献[94]提出了一种基于主成分分析（Principal Component Analysis, PCA）的零水印算法，其具体步骤如下：

（1）将图像分块，对每一个二维图像块进行重新排列，可得到第 f 个子块图像的 k 维矢量 L_f ，则图像可以表示为 $L = [l_1, l_2, l_3, \cdots, l_f, \cdots, l_G]$ ；

（2）计算子块图像的协方差矩阵 $C = (L - \rho) \times (L - \rho)^T$ ；

（3）根据 $C\Phi = \lambda\Phi$ ，计算 C 的特征值 $\lambda = [\lambda_1, \lambda_2, \lambda_3, \cdots, \lambda_k]$ 和特征向量 Φ ；

（4）重新排列 Φ ，构成基本变换矩阵 φ ，将 λ 中元素按降序排列，同时让特征值对应的特征向量也重新排列，得到 $\varphi = [e_1, e_2, e_3, \cdots, e_k]$ 。同时对图像进行 K－L 变换，$Y = \varphi^T L = [y_1, y_2, y_3, \cdots, y_k]^T$ ，其中 y_1（$y_1^T = [p_1, p_2, p_3, \cdots, p_{1024}]$）是最大特征值 λ_1 对应的特征向量 e_1 与原始图像子块矩阵相乘的结果，集中了图像的绝大部分能量，最能代表图像的特征，对 y_1 用混沌置乱，得到 $q = [q_1, q_2, q_3, \cdots, q_{1024}]$ ，比较相邻两个主分量的系数值，可生成的二值水印为：

$$w_i = \begin{cases} 1 & q_{2i-1} - q_{2i} \geq 0; \\ 0 & q_{2i-1} - q_{2i} < 0; \end{cases} \quad (1 \leq i \leq 512) \quad (5\text{-}1)$$

水印提取过程和水印嵌入过程相同。

5.2.2 基于 DWT 域的零水印算法

文献[95]提出的零水印算法通过选取合适的图像小波变换的系数作为原始图像的基本信息进行定位和管理，当对待认证图像进行认证时，用同样的方法提取该认证图像的信息，并对这些信息进行分析和检测，从而判定图像的版权和所有权。其嵌入水印算法和检测算法的流程为：

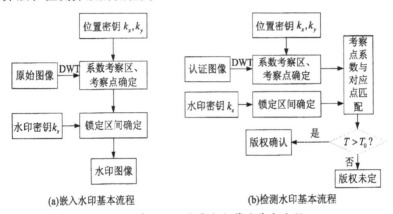

(a)嵌入水印基本流程　　　　(b)检测水印基本流程

图 5-1　基于 DWT 域零水印算法基本流程

Fig.5-1 Basic Procedure of Zero-bit Watermarking Based on DWT

5.2.3 基于 DT-CWT 域的零水印算法

文献[96]提出了一种基于二元树复小波变换（DT-CWT）和奇异值分解的零水印算法，算法首先将图像进行分块，接着将每一个图像块进行一级DT-CWT分解，在两个低频子带利用式5-2对奇异值进行自适应选取：

$$k_i = \begin{cases} 1, & \text{if} \quad \left| \sigma_{i,1}^3 - \dfrac{1}{2}(\sigma_{i,1}^2 + \sigma_{i,1}^4) \right| > \left| \sigma_{i,2}^3 - \dfrac{1}{2}(\sigma_{i,2}^2 + \sigma_{i,2}^4) \right| \\[3mm] 0, & \text{if} \quad \left| \sigma_{i,1}^3 - \dfrac{1}{2}(\sigma_{i,1}^2 + \sigma_{i,1}^4) \right| \leqslant \left| \sigma_{i,2}^3 - \dfrac{1}{2}(\sigma_{i,2}^2 + \sigma_{i,2}^4) \right| \end{cases}$$

$$(5\text{-}2)$$

其中 $\sigma_{i,1}^2$，$\sigma_{i,1}^3$，$\sigma_{i,1}^4$ 和 $\sigma_{i,2}^2$，$\sigma_{i,2}^3$，$\sigma_{i,2}^4$ 分别表示两个低频子带进行奇异值分解后对应的第2、第3和第4个奇异值。当 $k=1$ 时，选择第一个低频子带对应的奇异值，反之，选取第二个低频子带对应的奇异值，并按式5-3对奇异值做归一化处理：

$$w_i = \begin{cases} 1, & \text{if} \quad \sigma_i^3 > \dfrac{1}{2}(\sigma_i^2 + \sigma_i^4) + \eta \\[3mm] 0, & \text{if} \quad \sigma_i^3 \leqslant \dfrac{1}{2}(\sigma_i^2 + \sigma_i^4) + \eta \end{cases}$$

$$(5\text{-}3)$$

其中参数 η 控制0和1的比例，水印提取过程和水印嵌入过程相同。

5.2.4 基于混沌调制的零水印算法

文献[97]提出了一种基于混沌调制的零水印算法，先将测试图像进行 DWT 变换，通过比较选择出的小波系数生成 IPR 注册中心（Register Center）保存的水印，其水印的嵌入和检测具体流程如图 5-2：

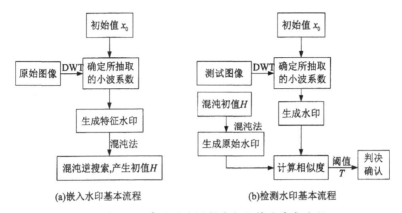

(a)嵌入水印基本流程　　　　　　　(b)检测水印基本流程

图 5-2　基于混沌调制零水印算法基本流程

Fig.5-2 Basic Procedure of Zero-bit Watermarking Based on Chaotic Modulation

5.3 基于 SVD 的数字图像零水印算法的流程

5.3.1 SVD 稳定性分析

稳定性[91]：设大小相等的实矩阵A和B的奇异值分别为 $\sigma_1 \geqslant \sigma_2 \geqslant \cdots \geqslant \sigma_n$ 和 $\tau_1 \geqslant \tau_2 \geqslant \cdots \geqslant \tau_n$，则对于 $R^{m \times n}$ 上的任一种酉不变范数 $\|\bullet\|$，有：

$$\|\text{diag}(\tau_1 - \sigma_1, \tau_2 - \sigma_2, \cdots, \tau_n - \sigma_n)\| \leqslant \|B - A\| \qquad (5-4)$$

该定理可以简单地表示为：当矩阵A经过微小扰动 σA 时，奇异值的改变不会大于扰动矩阵的2-范数，即 $|\sigma_i - \lambda_i| \leqslant \|\sigma A\|_2$，其中 σ_i 和 λ_i 分别为原始矩阵A和扰动矩阵的 $A + \sigma A$ 对应的奇异值。

矩阵的奇异值具有良好的稳定性表明奇异值微小的扰动不会影响到图像的质量,同时奇异值具备其他变换域,诸如DCT,DWT

等不具备的单向性和非对称性。这使得奇异值分解在很多领域有较多应用。奇异值分解是一种有效的代数特征抽取方法，它能够捕获矩阵数据的基本结构和反映矩阵的代数本质。本章零水印也以奇异值分解为基本数学理论背景，通过研究几个不同的奇异值对零水印算法的影响，提出了一种新的零水印算法。

5.3.2 零水印算法的基本流程——水印的构造算法

基于混沌理论和奇异值分解的伪水印构造方案步骤如下：

（1）先将大小为 $M \times N$ 原始图像 I_0 划分为互不重叠、大小为 $r \times s$ 的图像块 I_l $(l=1,2,\cdots,(M/r)\times(N/s))$：

$$I_0 = \begin{bmatrix} I_1 & \cdots & I_{(N/S)} \\ \vdots & \ddots & \vdots \\ I_{(M/r-1)\times(N/s)+1} & \cdots & I_{(M/r)\times(N/s)} \end{bmatrix}$$

$$(5-5)$$

（2）将图像块进行奇异值分解（式5-6）：

$$[U_l, D_l, V_l] = svd(I_l) \qquad (5-6)$$

（3）密钥控制Logistic混沌系统，映射图像块位置信息。该算法利用了伪随机循环链构造查找表LUT：

$$LUT = f(Logistic(K, (M/r)\times(N/s))) \qquad (5-7)$$

（4）提取图像信息：比较被LUT选出的相邻两图像块分解后相同位置的特征值，构造图像信息 w'：

$$\begin{cases} w' = 1 & \text{if} \quad d_u^i \geqslant d_v^i \\ w' = 0 & \text{if} \quad d_u^i < d_v^i \end{cases}$$

$$(5-8)$$

其中 (u,v) 表示 LUT 中对应的相邻两个图像块，$d_{u(v)}^{i}$（$i \in \{1,2,\cdots,\min(r,s)\}$）表示图像块 $I_{u(v)}$ 的第 i 个奇异值；

（5）生成注册中心的伪水印序列：考虑水印在注册中心的安全性，水印图像必须为表现混乱但和认证内容有关且均匀分布的二值序列。另外，版权认证过程中水印图像应具有可视性，将具有版权意义的水印图像 w 和提取的信息图像 w′ 进行运算得到伪水印序列 w″：

$$w'' = \text{xor}(w', w) \tag{5-9}$$

其中，上式中的"xor"表示异或运算，即当 w′ 和 w 中元素相同时输出为0，不同时输出为1。

5.3.3 零水印算法的基本流程—水印的检测算法

水印检测过程和水印构造算法相同：

（1）将待检测图像 I′ 划分为互不重叠大小为 $r \times s$ 的图像块 I_l'，$l=1,2,\cdots,(M/r) \times (N/s)$ （式5-5）

（2）将图像块进行奇异值分解（式5-6）

（3）构造查找表LUT（式5-7）

（4）构造图像信息 w′（式5-8）

（5）将保存在注册中心的伪水印图像 w″ 和提取的图像信息 w′ 进行异或操作，生成版权认证水印图像 w：

$$w = \text{xor}(w', w'') \tag{5-10}$$

5.3.4 实验结果和算法性能分析

　　为了验证算法的有效性，实验过程中选取大小为$512×512$的各种类型灰度图像作为宿主图像（图5-3），分别为标准测试图像Lena、卡通图像、医学眼底图像、诗画图像[130]、自然风景图像和遥感图像，选取具有文字意义和图像意义的两个$32×32$的二值图像作为水印测试图像（图5-3）。

(a)Lena图像

(b)卡通图像

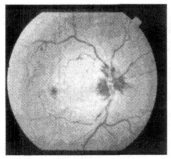

(c)医学眼底图像

(d)文字水印

(e)诗画图像

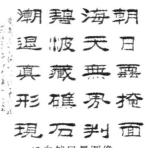

(f)自然风景图像

(g)遥感图像

(h)图像水印

图 5-3　宿主测试图像和水印图像

Fig.5-3 Host Images and Watermark Images

5.3.4.1 奇异值选取对性能影响

　　奇异值分解的不同奇异值代表图像能量不同，实验选择 Lena图像，将误比特率作为评判标准测试不同奇异值对水印鲁棒性的影响。

　　算法的鲁棒性指图像在遭受各种类型攻击后能很好地提取其中的水印，从而进行版权所属认证，它是水印算法性能的重要评判指标。实验中选取常规图像处理：锐化、模糊、对比度增强（50%）、亮度增强（50%）、中值滤波（3×3，5×5，7×7）、

JPEG压缩（压缩因子分别为90，80，…，10）。实验发现，文字水印和图像水印作为测试水印图像误比特率相同。图5-4表明：第一个奇异值提取图像信息构成水印信息误比特率低、鲁棒性强，在遭受图像处理过程中，图像的变化能和水印较好地保持同步。该算法采用第一个奇异值提取图像信息构造伪水印。

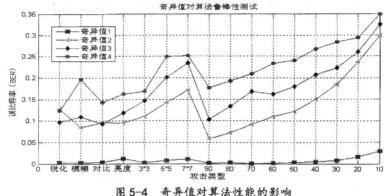

图 5-4 奇异值对算法性能的影响

Fig.5-4 Algorithm Performance Test on Different Singular Values

5.3.4.2 伪水印图像性能测试

保留在注册中心的进行版权认证的伪水印信息必须保证其混乱的视觉效果、均匀分布且和图像内容有关。根据文献[131]提出的衡量伪随机二值序列的方法，通过均衡性和相似性对伪水印序列进行测试。

（a）均衡性测试

二值序列的均衡性，指序列中0和1的基本相近程度，E越小表明序列中0和1分布越均匀。其定义为：

$$E = \frac{|N_1 - N_0|}{N} \tag{5-11}$$

其中 N_1、N_0 和 N 分别表示序列中1的个数、0的个数和序列总长度。

表5-1表明对于不同类型的宿主图像,由文字水印或图像水印和图像信息构成的二值序列均衡性较好,诗画图像由于存在大量均匀区域,均衡性稍差;但均衡性 E 也相对降低,满足水印均匀分布的要求。

表 5-1　不同宿主图像水印均衡特性测试

Tab.5-1 Equilibrium Characteristics Test on Different Host Images

	文字水印			图像水印		
	N1	N0	E	N1	N0	E
Lena	503	521	0.0176	511	513	0.0020
卡通	485	539	0.0527	479	545	0.0645
医学	502	522	0.0195	544	480	0.0625
诗画	589	435	0.1504	567	457	0.1074
遥感	499	525	0.0253	543	481	0.0605
风景	502	522	0.0195	498	526	0.0273

（b）相似特性测试

水印图像由于与宿主图像内容相关,因此不同宿主图像的伪水印应该相互独立。为了验证图像之间的相关关系,定义相似度:

$$\mathrm{sgn}(x, y) = \begin{cases} 1 & \text{if} \quad x = y \\ 0 & \text{if} \quad x \neq y \end{cases}, \quad \rho = \frac{\sum_{i=1}^{m} \sum_{j=1}^{n} \mathrm{sgn}(w'_{i,j}, w_{i,j})}{m \times n} \tag{5-12}$$

其中式5-12为符号函数,$w_{i,j}$ 和 $w'_{i,j}$ 分别表示原始水印 w 和验证水印图像 w' 的第 (i,j) 个元素,m 和 n 表示水印图像的大小。

表5-2　不同宿主图像水印相似特性测试

Tab.5-2 Correlation Test of Watermarks on Different Host Images

	Lena	卡通	医学	诗画	遥感	风景
Lena	1.0000	0.4893	0.4678	0.4961	0.5078	0.5400
卡通	0.4893	1.0000	0.5176	0.4893	0.5479	0.3770
医学	0.4678	0.5176	1.0000	0.4619	0.4834	0.4922
诗画	0.4961	0.4893	0.4619	1.0000	0.4883	0.5420
遥感	0.5078	0.5479	0.4834	0.4883	1.0000	0.4912
风景	0.5400	0.3770	0.4922	0.5420	0.4912	1.0000

理论上：对于两幅大小相等的二值图像，如果图像中0和1的个数近似相等，即二值图像的均衡性近似为0，则不相关图像间相似度为0.5，相关图像相似度为1。

证明：假设水印图像中1的个数为 N_1，0的个数为 N_0，$N = N_1 + N_0$ 表示总个数，则0和0匹配的概率为 $p_0 = 50\%$，1和1匹配的概率为 $p_1 = 50\%$，则不同图像的水印相似度为：

$$\rho = \frac{p_1 \times N_1 + p_0 \times N_1}{N} = \frac{0.5 \times (N_1 + N_1)}{N} = 0.5 \tag{5-13}$$

实验以文字水印测试不同宿主图像构造伪水印图像的相似度。表5-2表明：相同图像由于完全匹配，相似度为1；不同类型图像的相似度近似为0.5，验证了理论的正确，同时再次验证了图像的均衡性近似为0，这为由SVD构造伪水印图像提供了理论和实际依据。

5.3.4.3 算法普适性测试

实际生活中由于图像特征，如纹理、亮度、均匀程度等不同被分成很多类型，对不同类型图像的适用程度决定了算法的普适程度和实际应用价值。实验中选取常规图像处理：锐化、模糊、对比度增强（50%）、亮度增强（50%）、中值滤波（3×3，5×5，7×7）、JPEG压缩（压缩因子分别为90，80，…，10）、椒盐噪声（0.02，0.04）和高斯噪声（0.02，0.04）。攻击后图像和原始图像之间质量差别通过峰值信噪比(PSNR)进行衡量，提取出水印和原始水印之间的差异用相似度衡量，测试不同宿主图像经过常规攻击后的鲁棒性。

图5-5(a)表明：图像经过攻击后质量明显下降，尤其经过亮度增强、滤波、低质量压缩及噪声攻击后，图像产生较大失真；由图5-5(b)可得：严重失真下的图像提取出水印图像的相似度很高，大部分都在0.95以上。诗画图像作为特殊图像类型，噪声攻击改变了图像空白区域像素值的分布，从而极大地改变了图像的奇异值，被攻击后提取水印相似度相对较低，而其他失真图像提取水印的相似度都在0.90以上，表明算法对于不同类型宿主图像，抗攻击能力强、普适性好。

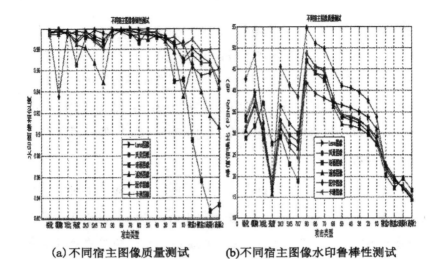

(a)不同宿主图像质量测试　　　　(b)不同宿主图像水印鲁棒性测试

图5-5　不同宿主图像算法性能测试

Fig.5-5 Performance Test on Difference Host Images

5.3.4.4 算法安全性和水印容量分析

　　算法建立在混沌系统的基础之上，将初值作为密钥，其安全性依赖于混沌系统的初值，而算法可以完全公开，满足Kerckhoff准则。图5-6选取Lena和图像水印分别作为宿主图像和水印图像，显示错误密钥和正确密钥提取出的水印图像，图5-7选择1000个不同密钥通过图像相似性判定准则验证算法的安全性。可看出，错误密钥提取出水印的可视性效果很差，和原始水印图像的相似度为0.5；正确密钥提取出水印和原始水印相同，相似度为1。表明算法具有很高的安全性，且有很大的密钥空间。

(a) 宿主图像Lena

(b)水印图像　(c)错误密钥提取水印图像　（d）正确密钥提取水印图像

图 5-6　算法安全性测试 1

Fig.5-6 Algorithm Security Test1

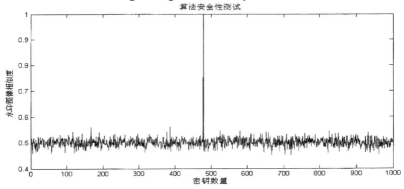

图 5-7　算法安全性测试 2

Fig.5-7 Algorithm Security Test2

　　另外，零水印方案中水印图像的大小涉及存储在注册中心的容量，必须对水印的容量和水印的安全性做一个权衡。目前文献中很少涉及对零水印容量进行分析，大多数零水印方案根据经验对图像块的选择做出判断，没有给出合理的解释。这里给出基于图像块的零水印方案水印最佳容量的理论推导：

定理1： 若n为偶数，当$r<n/2$时，C_n^r随r单调递增；$r>n/2$时，C_n^r随r单调递减。若n为奇数，当$r<(n-1)/2$时，C_n^r随r单调递增；$r>(n+1)/2$时，C_n^r随r单调递减。

证明：

$$C_n^{r-1} = \frac{n!}{(r-1)!(n-r+1)!} = \frac{n!}{(r-1)!(n-r)!(n-r+1)}$$

$$C_n^r = \frac{n!}{r!(n-r)!} = \frac{n!}{r!(n-r-1)!(n-r)} = \frac{n!}{r(r-1)!(n-r)!}$$

$$C_n^{r+1} = \frac{n!}{(r+1)!(n-r-1)!} = \frac{n!}{(r+1)(r)!(n-r-1)!}$$

假设$C_n^{r+1} < C_n^r$，即

$$\frac{n!}{(r+1)(r)!(n-r-1)!} < \frac{n!}{r!(n-r-1)!(n-r)}$$

所以$\frac{1}{(r+1)} < \frac{1}{(n-r)}$所以$r+1 > n-r$所以$2r > n-1$

假设$C_n^{r-1} < C_n^r$，即

$$\frac{n!}{(r-1)!(n-r)!(n-r+1)} < \frac{n!}{r(r-1)!(n-r)!}$$

所以$\frac{1}{(n-r+1)} < \frac{1}{r}$

所以$r < n-r+1$

所以$2r < n+1$

定理2： 当n为偶数时，$C_n^{n/2}$最大；当n为奇数时，$C_n^{(n-1)/2} = C_n^{(n+1)/2}$最大。

基于图像块的零水印方案通过比较被选中图像块内或图像块

之间的不变特征量进行图像信息提取。对于由n个图像块组成的宿主图像，由定理1和定理2可知：当选择图像块个数接近图像块总数的一半时，图像块的可选择性最多，亦即正确找到所选图像块的可能性最小，从而使得算法在保证水印容量的同时，安全性达到最高。

5.3.4.5 算法性能优势比较

为了验证该算法和其他零水印算法之间的性能优势，实验选取图像水印测试Lena图像经过各种攻击后提取水印图像和原始水印图像的相似性。表5-3表明：该算法对于噪声、滤波以及JPEG压缩，提取水印的相似度都在0.95以上，有些甚至接近1，高于其他算法；对于剪切和旋转攻击，由于奇异值的不变特性，该算法表现出了较强的鲁棒性，提取水印的相似度都在0.95以上；同时该算法提取的水印图像具有很好的可视效果，而不是凭借阈值判断版权归属，是该算法区别于其他算法最大的特点。

表 5-3　算法性能对比测试

Tab.5-3 Performance Test on Different Algorithms

攻击 测试	文献[94] 相似度	文献[95] 相似度	文献[96] 相似度	文献[97] 相似度	本算法 相似度
高斯噪声	0.9300	/	0.8594	0.9500	0.9668
中值滤波 1	0.9900	/	0.9453	0.9800	0.9971
中值滤波 2	0.9700	/	0.9063	0.9800	0.9922
JPEG(90)	1.0000	0.7800	1.0000	1.000	0.9981
JPEG(70)	0.9700	0.6500	1.0000	1.000	0.9991
JPEG(50)	0.9600	0.5700	/	0.9900	0.9961
JPEG(20)	0.9400	0.1200	0.9570	0.9700	0.9844
剪切(10%)	0.9900	0.9500	/	/	0.9951
剪切(20%)	0.9700	0.9000	/	/	0.9824
剪切(30%)	0.9600	0.8300	/	/	0.9668
剪切(40%)	0.9500	0.8200	/	/	0.9561
旋转 1°	0.9300	1.0000	0.8164	/	0.9971
旋转 2.5°	0.9700	0.9200	/	/	0.9902
旋转 5°	0.9600	0.6400	/	1.000	0.9863
旋转 10°	0.9500	0.4500	/	0.9500	0.9775
水印可视	不可视	不可视	不可视	不可视	可视

5.3.4.6 算法扩展1—彩色图像的处理

对于彩色图像，由于存在R、G、B三通道，可以用混沌系统控制其通道的选取。如给Logistic混沌系统一个初始密钥，选取合适阈值将混沌序列分为三部分，每一部分对应一个通道，由于每个通道都相当于一个灰度图像，将被选中的通道利用该算法进行水印构造。因此算法同样适用于彩色图像。

5.3.4.7 算法扩展2—SVD和DWT域的结合

小波（Wavelet）又称为子波，是一个有限的，均值为零的振荡波形。小波分析和传统的傅里叶分析的基本数学思想都是源于经典的调和分析。但与后者相比，前者是时间和频率的局域变换，能更加有效地提取信号和分析局部信号。小波技术按照小波基展开，将信号或图像进行分层，所分层数根据图像信号的性质和事先给定的处理要求确定。图5-8是图像经过两级小波变换的结构，图像经过一级小波分解后被分成LL、HL、LH和HH四个子带，其中LL为低频的逼近信号，集中了源图像的大部分能量，其他三个是高频的细节信号，保存了源图像的细节信息。如需再次分解，则将一级分解后的低频子带LL再次分成四个部分，以此类推，直到满足要求。该部分将算法由空间域扩展到变换域进行算法比较性研究。

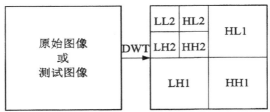

图 5-8　小波变换结构

Fig.5-8 Structure of Wavelet Transform

实验中先将图像经过简单的Harr小波变换，得到一级分解后的低频子带LL1，再按照5.3.2的流程进行水印的构造；水印提取时，先将待测图像经过一级Harr小波变换，接着按照5.3.3流程进行验证。图5-9给出了算法在空间域和变换域两种情况下性能比较。图中曲线关系表明：在常规的图像处理，如锐化、模糊、对比度增强、亮度增强以及加噪方面，变换域的算法性能比空间域算法性能略好，优势不够明显，原因在于低频子带LL1集中了图像的大部分能量，是原始图像的逼近信号，这些处理对两者的影响较为相近。但是在抗JPEG压缩的鲁棒性方面，算法在变换域中的性能较空域中的算法性能好，特别是在低质量压缩的过程中，原始图像已遭受较为严重的失真，空域中提取出的水印和原始水印相似度严重降低，然而变化域水印算法保持了较好的稳定性，原因在于JPEG压缩是在变换域中进行。因此如果在常规的攻击条件下或者对算法性能要求不高时，空间域凭借其简单的处理流程可满足需要；如果算法要求抗压缩的能力较强，就可以考虑在变换域中进行，这也是很多算法[95-98]在变换域中进行算法研究的原因。

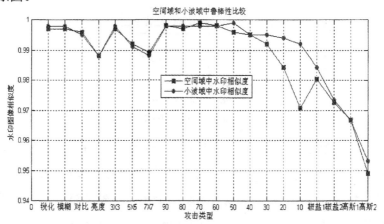

图 5-9　空间域和变换域算法鲁棒性比较测试

Fig.5-9 Robustness Test on Spatial Doamin and Transform Domain

5.4 本章小结

为了对数字图像进行版权保护的同时，不对数字图像内容造成影响，提出了基于奇异值分解的零水印算法。该算法改变了传统算法通过修改图像内容进行版权保护的做法。算法分析了奇异值分解的稳定性，采用了奇异值的不变特性构造注册中心的水印，保证了在不改变宿主图像任何信息的同时进行有效的版权保护；利用了 Logistic 混沌系统的初值敏感性映射信息隐藏的位置，增强了算法的安全性；将有意义的二值图像作为水印图像，解决了零水印方案水印为无意义二值序列的问题；同时深入分析了水印容量和算法安全性之间的关系。通过对标准测试图像、卡通、医学、风景、遥感、诗画等图像进行实验测试以及和其他算法比较表明，该算法简单有效，适用性强，而且对滤波、噪声、JPEG 压缩等攻击表现出了较强的鲁棒性。

第6章 可逆数字图像信息隐藏算法的研究

6.1 引言

可逆信息隐藏又称为可逆数据隐藏,其核心思想是采用可逆变换对图像像素值进行处理,从而隐藏数据。在数据提取端,原始宿主图像在数据提取后能够完全恢复,是当前的热点研究领域[102-117]。本章介绍了几种经典的可逆信息隐藏算法,通过深入分析数据嵌入容量和图像质量之间的均衡问题,提出了两种数字图像的可逆信息隐藏算法。

6.2 可逆信息隐藏算法的基本框架

可逆信息隐藏的基本框架如图 6-1,在发送端,通过可逆变换将数据 M 嵌入原始宿主图像 H 中,然后将嵌入数据后的图像 S 发给接受者。在接收端,通过可逆运算提取所含的数据,并恢复出原始宿主图像。由此可见:可逆信息隐藏算法主要分为数据嵌入过程和数据提取过程。

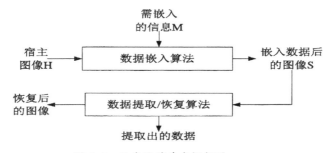

图 6-1　信息隐藏基本框架图

Fig.6-1 General framework of Reversible Data Hiding

6.3 可逆信息隐藏基本算法研究

到目前为止，可逆信息隐藏算法大致可分成三种类型：基于差值扩展的可逆信息隐藏、基于直方图平移的可逆信息隐藏和基于预测误差的可逆信息隐藏。其中基于差值的可逆信息隐藏包含三种重要的方法，即基于像素对的差值扩展、基于向量的 2bits 差值扩展和基于向量的 4bits 差值扩展。

6.3.1 基于差值扩展的可逆信息隐藏算法

6.3.1.1 基于像素对的差值扩展

假设原始像素对为（203，200），数据嵌入时首先计算像素对的均值和差值：

$$l = \lfloor (x+y)/2 \rfloor = \lfloor (203+200)/2 \rfloor = 201, \ h = x - y = 203 - 200 = 3$$

$$(6-1)$$

其中 $\lfloor \bullet \rfloor$ 代表向下取整操作，嵌入数据为 $b(b \in (0,1))$ ，则扩展

差为：

$$h' = 2 \times h + b = 2 \times 3 + 1 = 7 \tag{6-2}$$

修改后的像素值为：

$$x' = l + \lfloor (h' + 1) / 2 \rfloor = 201 + \lfloor (7 + 1) / 2 \rfloor = 205,$$
$$y' = l - \lfloor h' / 2 \rfloor = 201 - \lfloor 7 / 2 \rfloor = 198 \tag{6-3}$$

提取过程中，利用像素对 (x', y') 计算均值和差值：

$$l = \lfloor (x' + y') / 2 \rfloor = \lfloor (205 + 198) / 2 \rfloor = 201,$$
$$h' = x' - y' = 205 - 198 = 7 \tag{6-4}$$

利用最低有效位(LSB)提取嵌入的数据：

$$b = \text{LSB}(h') = \text{LSB}(7) = 1 \tag{6-5}$$

原始差值通过如下方程计算得到：

$$h = \lfloor h' / 2 \rfloor = \lfloor 7 / 2 \rfloor = 3 \tag{6-6}$$

原始像素恢复得到：

$$x = l + \lfloor (h + 1) / 2 \rfloor = 201 + \lfloor (3 + 1) / 2 \rfloor = 203,$$
$$y = l - \lfloor h / 2 \rfloor = 201 - \lfloor 3 / 2 \rfloor = 201 - 1 = 200 \tag{6-7}$$

6.3.1.2 基于向量 2bits 的差值扩展

假设原始像素为（202，200，205），在数据嵌入过程中，均值和差值为：

$$d_1 = \lfloor (a_1 \times u_1 + a_2 \times u_2 + a_3 \times u_3) / (a_1 + a_2 + a_3) \rfloor = \lfloor (202 + 200 + 205) / 3 \rfloor = 202,$$
$$d_2 = u_2 - u_1 = 200 - 202 = -2 , \ d_3 = u_3 - u_1 = 205 - 202 = 3 \tag{6-8}$$

假设嵌入数据为 $b_1 b_2 = 10$，则通过如下差值扩展嵌入数据：

$$\tilde{d_1} = d_1 = 202 , \tilde{d_2} = 2 \times d_2 + b_1 = 2 \times (-2) + 1 = -3 ,$$
$$\tilde{d_3} = 2 \times d_3 + b_2 = 2 \times 3 + 0 = 6 \tag{6-9}$$

嵌入数据后像素值变为：

$$u_1' = \tilde{d}_1 - \left\lfloor (a_2 \times \tilde{d}_2 + a_3 \times \tilde{d}_3) / (a_1 + a_2 + a_3) \right\rfloor = 202 - \left\lfloor (-3 + 6) / 3 \right\rfloor = 201$$

$$u_2' = \tilde{d}_2 + u_1' = -3 + 201 = 198 , \ u_3' = \tilde{d}_3 + u_1' = 6 + 201 = 207$$

$$(6-10)$$

在提取过程中，差值和均值通过以下方式计算：

$$\tilde{d}_1 = \left\lfloor (a_1 \times u_1' + a_2 \times u_2' + a_3 \times u_3') / (a_1 + a_2 + a_3) \right\rfloor = \left\lfloor (201 + 198 + 207) / 3 \right\rfloor = 202$$

$$\tilde{d}_2 = u_2' - u_1' = 198 - 201 = -3 , \ \tilde{d}_3 = u_3' - u_1' = 207 - 201 = 6$$

$$(6-11)$$

则嵌入的数据提取方式为：

$$b_1 = \tilde{d}_2 - 2 \times \left\lfloor \tilde{d}_2 / 2 \right\rfloor = -3 - 2 \times \left\lfloor -3 / 2 \right\rfloor = 1 ,$$

$$b_2 = \tilde{d}_3 - 2 \times \left\lfloor \tilde{d}_3 / 2 \right\rfloor = 6 - 2 \times \left\lfloor 6 / 2 \right\rfloor = 0$$

$$(6-12)$$

差值计算得：

$$d_1 = \tilde{d}_1 = 202 , \ d_2 = \left\lfloor \tilde{d}_2 / 2 \right\rfloor = \left\lfloor -3 / 2 \right\rfloor = -2 ,$$

$$d_3 = \left\lfloor \tilde{d}_3 / 2 \right\rfloor = \left\lfloor 6 / 2 \right\rfloor = 3$$

$$(6-13)$$

则原始的像素值为：

$$u_1 = d_1 - \left\lfloor (a_2 \times d_2 + a_3 \times d_3) / (a_1 + a_2 + a_3) \right\rfloor = 202 - \left\lfloor (-2 + 3) / 3 \right\rfloor = 202 ,$$

$$u_2 = d_2 + u_1 = -2 + 202 = 200 , \ u_3 = d_3 + u_1 = 3 + 202 = 205$$

$$(6-14)$$

6.3.1.3　基于向量 4bits 的差值扩展

同样利用数据（202，200，205）进行分析，算法和基于向量 2bits 差值扩展除了嵌入数据不同外，数据嵌入过程基本相同。在数据嵌入过程中：

$$d_1 = \left\lfloor (a_1 \times u_1 + a_2 \times u_2 + a_3 \times u_3) / (a_1 + a_2 + a_3) \right\rfloor = \left\lfloor (202 + 200 + 205) / 3 \right\rfloor = 202,$$

$$d_2 = u_2 - u_1 = 200 - 202 = -2, \ d_3 = u_3 - u_1 = 205 - 202 = 3$$

$$(6-15)$$

假设嵌入数据为 $b_1 b_2 b_3 b_4 = 1101$，则通过如下差值扩展嵌入数据：

$$\tilde{d}_1 = d_1 = 202,$$

$$\tilde{d}_2 = 4 \times d_2 + b_1 b_2 = 4 \times (-2) + (11)_2 = -8 + 3 = -5,$$

$$\tilde{d}_3 = 4 \times d_3 + b_3 b_4 = 4 \times 3 + (01)_2 = 12 + 1 = 13$$

$$(6-16)$$

则嵌入数据后的像素值为：

$$u_1' = d_1 - \left\lfloor (a_2 \times \tilde{d}_2 + a_3 \times \tilde{d}_3) / (a_1 + a_2 + a_3) \right\rfloor = 202 - \left\lfloor (-5 + 13) / 3 \right\rfloor = 200,$$

$$u_2' = \tilde{d}_2 + u_1' = -5 + 200 = 195, \ u_3' = \tilde{d}_3 + u_1' = 13 + 200 = 213$$

$$(6-17)$$

提取过程中，同样需要计算均值和差值：

$$\tilde{d}_1 = \left\lfloor (a_1 \times u_1' + a_2 \times u_2' + a_3 \times u_3') / (a_1 + a_2 + a_3) \right\rfloor = \left\lfloor (200 + 195 + 213) / 3 \right\rfloor = 202,$$

$$\tilde{d}_2 = u_2' - u_1' = 155 - 200 = -5, \ \tilde{d}_3 = u_3' - u_1' = 213 - 200 = 13$$

$$(6-18)$$

则提取所嵌入的数据为：

$$b_1 b_2 = \tilde{d}_2 - 4 \times \left\lfloor \tilde{d}_2 / 4 \right\rfloor = -5 - 4 \times \left\lfloor -5 / 4 \right\rfloor = 3 = (11)_2,$$

$$b_3 b_4 = \tilde{d}_3 - 4 \times \left\lfloor \tilde{d}_3 / 4 \right\rfloor = 13 - 4 \times \left\lfloor 13 / 4 \right\rfloor = 1 = (01)_2$$

$$(6-19)$$

差值计算得到：

$$d_1 = \tilde{d}_1 = 202, \ d_2 = \left\lfloor \tilde{d}_2 / 4 \right\rfloor = \left\lfloor -5 / 4 \right\rfloor = -2,$$

$$d_3 = \left\lfloor \tilde{d}_3 / 4 \right\rfloor = \left\lfloor 13 / 4 \right\rfloor = 3$$

$$(6-20)$$

则原始的像素值为：

$$u_1 = d_1 - \left\lfloor (a_2 \times d_2 + a_3 \times d_3) / (a_1 + a_2 + a_3) \right\rfloor = 202 - \left\lfloor (-2 + 3) / (3) \right\rfloor = 202$$

$$u_2 = d_2 + u_1 = -2 + 200 = 200 , u_3 = d_3 + u_1 = 3 + 202 = 205$$

$$(6-21)$$

6.3.2 基于直方图平移的可逆信息隐藏算法

灰度直方图由于反映了图像像素的分布情况，从而在可逆信息隐藏中有较多应用。基于直方图可逆信息隐藏算法的核心思想是通过对直方图的峰点和零点之间的像素值进行平移从而嵌入数据。峰点（Peak-Point）指的是在直方图中像素数量较多的点，零点（Zero-Point）指的是像素数量为 0 或数量较少的点。其算法的基本流程为：首先在图像的直方图中找到峰点和零点；假设峰点是 a，零点为 b，且（a>b）；将位于 $b+1$ 和 $a-1$ 之间的像素值都减 1；然后对峰点进行处理：当嵌入数据为 1，保留峰点像素值；反之，如果嵌入数据为 0，则使得峰点像素值减去 1；数据嵌入后将峰点、零点和其他的辅助信息传送到图像的接收方以便进行数据的提取。直方图算法相对较为简单，但其嵌入容量受到峰点和零点数量的限制。

图 6-2 更加清晰地描述了基于灰度直方图算法的流程。假设矩阵为原始图像，通过直方图可得，峰点为 9（灰度表示），零点为 7，且像素 9 的个数为 10 ，因此可嵌入 10 个数据，假设需要嵌入数据为 $(1101110001)_2$。其嵌入过程如图 6-2 所示。

由图 6-2 可看出，嵌入数据的过程即为图像像素值调整的过程，8 位于峰点 9 和零点 7 之间，首先将像素值 8 全部改为 7（8－1＝7，图中用〇表示），由于嵌入数据中第 1、2、4、5、6 和第 10 个数为 1，因此，这几个位置上的像素值 9 不发生改变（保留，灰度表示），而其他位置由于嵌入数据 0 而变为 8（9－1＝8，图中用◇表示），数据完成嵌入。

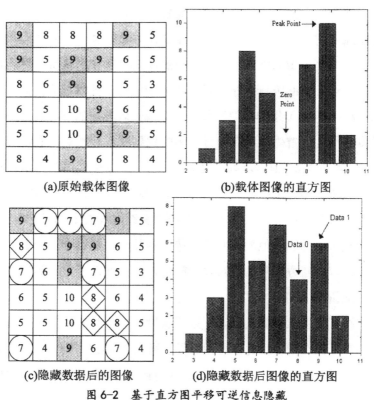

(a)原始载体图像　　　　　　(b)载体图像的直方图

(c)隐藏数据后的图像　　　　(d)隐藏数据后图像的直方图

图 6-2　基于直方图平移可逆信息隐藏

Fig.6-2 Information Hiding Algorithm based on Histogram-Shifting

数据提取过程中利用峰点和零点信息依次提取，即遇到峰点，提取出数据1，将零点数据加1，之间数据提取0，并加1，完成原始图像的恢复。

6.3.3 基于预测误差的可逆信息隐藏算法

基于预测误差的可逆信息隐藏算法利用预测器（Predictor）通过周围像素对目标像素值进行预测，并对误差进行修改，从而嵌入数据。数据提取过程中采用和嵌入相同的扫描方式，然后将所求误差采用和嵌入过程相反的方式进行恢复，从而提取数据并恢复原始图像。下面是几种常用的预测器：

$$p'(x, y) = p(x-1, y)：\text{水平预测器} \tag{6-22}$$

$$p'(x, y) = p(x, y-1)：\text{垂直预测器} \tag{6-23}$$

加权平均预测器：

$$p'(x, y) = (p(x-1, y-1) + 2p(x, y-1) + 2p(x-1, y) + p(x-1, y+1))/6$$

$$\tag{6-24}$$

SVF（Spatial Varying Filte）预测器：

$$Avg(x, y) = (p(x-1, y) + p(x, y-1) + p(x-1, y-1) + p(x-1, y+1))/4$$

$$p'(x, y) = \frac{\sum_{n=-1}^{1} p(x-1, y-n) \times w(x-1, y-n) + p(x, y-1) \times w(x, y-1)}{\sum_{n=-1}^{1} w(x-1, y-n) + w(x, y-1)},$$

$$w(x+i, y+j) = exp(-abs(p(x+i, y+j) - Avg(x, y) \times f))$$

$$\tag{6-25}$$

其中 $p(x, y)$ 指位于 (x, y) 处的像素值，$p'(x, y)$ 是利用预测器预测的像素值。

基于MED（Mean Edge Detection）预测器的MPE（Modified of Prediction Error）算法[111]由于其嵌入数据后无数据溢出现象产生，嵌入比特率相对较高，且嵌入数据后图像的质量较高，这里通过描述MPE算法中数据嵌入和提取的流程介绍基于预测差的可逆信息隐藏算法的基本过程。

MPE算法用式6-26通过光栅扫描的方式（图6-3）利用周围像素值 p_1, p_2, p_3 对目标像素值 p_0 进行预测得到预测值 p_0'，然后对数据实现嵌入和提取。

$$p_0' = \begin{cases} \min(p_2, p_3) & \text{if } p_1 \geq \max(p_2, p_3) \\ \max(p_2, p_3) & \text{if } p_1 \leq \min(p_2, p_3) \\ p_2 + p_3 - p_1 & \text{otherwise} \end{cases} \quad （6-26）$$

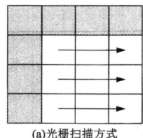
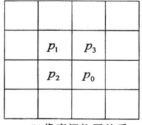

(a)光栅扫描方式　　　　(b)像素间位置关系

图6-3　光栅扫描和像素位置关系

Fig.6-3 Raster Scan Order and Pixels Relationship

图6-4和图6-6给出了MPE算法的数据嵌入流程和数据提取流程。由图可知，算法的核心是通过MED利用周围像素对目标像素进行预测，然后求出误差，当误差为0或者-1进行数据嵌入，并相应调整相应的误差值。提取过程中预测误差在-2和1之间时进行相应数据提取，并恢复所有预测误差，从而恢复原始宿主图

像。图 6-5 和 6-7 是数据嵌入和提取的两个对应的例子，嵌入数据为 011，其中〇表示嵌入数据为 0，◇表示嵌入数据为 1，灰度标示的方框表示嵌入数据结束的位置。

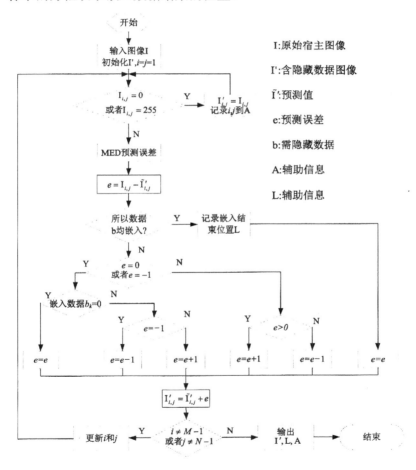

图 6-4 MPE 算法的数据嵌入流程

Fig.6-4 Flowchart of Embedding Procedure

(a)

25	26	23	22
24	25	26	24
24	26	26	23
23	25	26	25

(b)

25	26	23	22
24			
24			
23			

(c)

25	26	23	22
24	(25)		
24			
21			

(d)

24	26	23	22
24	(25)	27	23
24			
23			

(e)

25	26	23	22
24	(25)	27	23
24	27	⟨25⟩	⟨24⟩
23			

(f)

25	26	23	22
24	(25)	27	23
24	27	⟨25⟩	⟨24⟩
23	25	26	25

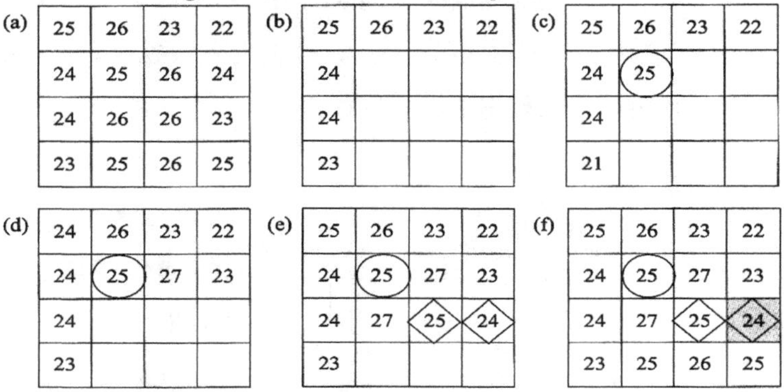

图6-5　数据嵌入示例：(a)原始图像；(b)初始化；(c)-(f)数据嵌入
Fig.6-5 Example of Embedding Procedure: (a) Original Image; (b) Initialized;
(c)-(f) Embedding

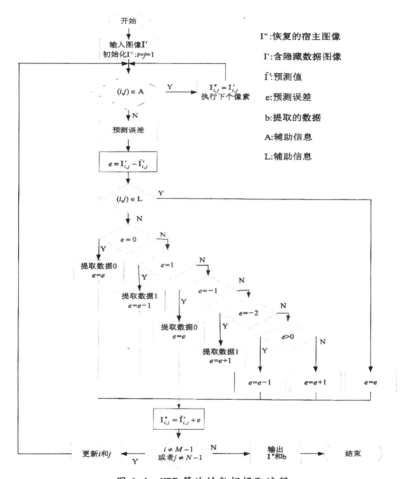

图 6-6　MPE 算法的数据提取流程

Fig.6-6 Flowchart of Extraction Procedure

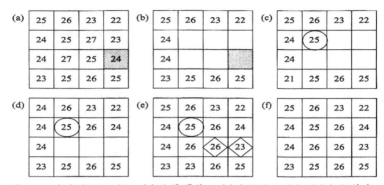

图 6-7 数据提取示例：(a)隐藏图像；(b)初始化；(c)-(f)数据恢复

Fig.6-7 Example of Extraction Procedure: (a) Stego Image; (b) Initialized; (c)-(f) Recovering

6.4 基于对数函数的可逆信息隐藏算法

研究可逆变换从而提高数据的嵌入比特率和降低数据嵌入对原始宿主图像造成的失真是可逆嵌入技术的目标。该算法对差值扩展进行了分析，利用改进型的对数变换，进一步减小了数据嵌入进行差值扩展带来的失真，从而有效地降低了数据嵌入对图像造成的影响。

6.4.1 像素对差值扩展分析及证明

定理1：差值扩展使得像素对间的大小关系不发生改变。

证明：设选取像素对为：$u = (u_1, u_2)$，假设：$u_1 \geqslant u_2$，则按照差值扩展算法得到：

$$h = u_1 - u_2 \geqslant 0 , \quad l = \lfloor (u_1 + u_2)/2 \rfloor , \quad h' = 2 \times h + b \geqslant 0$$

$$(6-27)$$

则嵌入数据后像素对为 $u' = (u_1', u_2')$

$$u_1' = l + \lfloor (h'+1)/2 \rfloor \geqslant l - \lfloor h'/2 \rfloor = u_2' \qquad (6\text{-}28)$$

所以嵌入数据后的数据大小关系不发生改变。

定理2：差值扩展使得较大数据变大，较小数据变小。

证明：假设：$u_1 \geqslant u_2$，当嵌入数据 $b = 1$ 时：

$$
\begin{aligned}
u_1' &= l + \lfloor (h'+1)/2 \rfloor = \lfloor (u_1+u_2)/2 \rfloor + \lfloor (2h+b+1)/2 \rfloor \\
&= \lfloor (u_1+u_2)/2 \rfloor + h + 1 = \lfloor (u_1+u_2)/2 \rfloor + (u_1-u_2) + 1 \\
&= u_1 + (\lfloor (u_1+u_2)/2 \rfloor - u_2) + 1 > u_1
\end{aligned}
$$

$$\qquad (6\text{-}29)$$

$$
\begin{aligned}
u_2' &= l - \lfloor h'/2 \rfloor = \lfloor (u_1+u_2)/2 \rfloor + \lfloor (2h+b)/2 \rfloor \\
&= \lfloor (u_1+u_2)/2 \rfloor - h = \lfloor (u_1+u_2)/2 \rfloor - (u_1-u_2) \\
&= u_2 + (\lfloor (u_1+u_2)/2 \rfloor - u_1) \leqslant u_2
\end{aligned}
$$

$$\qquad (6\text{-}30)$$

当嵌入数据 $b = 0$ 时：

$$
\begin{aligned}
u_1' &= l + \lfloor (h'+1)/2 \rfloor = \lfloor (u_1+u_2)/2 \rfloor + \lfloor (2h+b+1)/2 \rfloor \\
&= \lfloor (u_1+u_2)/2 \rfloor + h = \lfloor (u_1+u_2)/2 \rfloor + (u_1-u_2) \\
&= u_1 + (\lfloor (u_1+u_2)/2 \rfloor - u_2) \geqslant u_1
\end{aligned}
$$

$$\qquad (6\text{-}31)$$

$$
\begin{aligned}
u_2' &= l - \lfloor h'/2 \rfloor = \lfloor (u_1+u_2)/2 \rfloor + \lfloor (2h+b)/2 \rfloor \\
&= \lfloor (u_1+u_2)/2 \rfloor - h = \lfloor (u_1+u_2)/2 \rfloor - (u_1-u_2) \\
&= u_2 + (\lfloor (u_1+u_2)/2 \rfloor - u_1) \leqslant u_2
\end{aligned}
$$

$$\qquad (6\text{-}32)$$

定义：滑动窗口[132]是在大小为 $W \times H$ 的图像中按一定规律移动 $w \times h$ 的窗口（$W \geqslant w, H \geqslant h$）。如图6-8所示，首先对窗口内

像素点的像素值进行一系列运算，运算结束后窗口向右或向下移动一步，直到完成对整幅图像的处理。中值滤波和边缘检测两个算法是典型的滑动窗口算法。本书中 w 和 h 分别取 2 和 1。

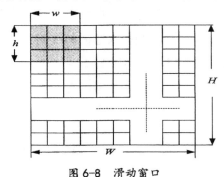

图 6-8　滑动窗口

Fig.6-8 Slide Window

定理3：具有平滑性的图像像素利用滑动窗口可以有效地降低多次嵌入后对图像质量的影响。

为了较好地解释图像像素的平滑性，这里引入梯度算子 G_x，G_y：

$$G_x = df / dx = f(i+1, j) - f(i, j)，$$
$$G_y = df / dy = f(i, j+1) - f(i, j) \tag{6-33}$$

梯度算子通过相邻像素值的差分衡量图像灰度值强度的变换。对于逐行嵌入方式，G_y 连续为正或者连续为负表明该行某一邻域内的像素具有一定的平滑性，同样，对于逐列嵌入方式，G_x 连续为正或者连续为负表明该列某一领域内像素值具有一定的平滑性。该算法由于采用平滑窗口进行嵌入，为逐行嵌入算法，因此，只需考虑 G_y 的正负问题。

证明：设某一行连续的三个像素为 (u_1, u_2, u_3)，嵌入数据比特为 $b_1 b_2$，则：

$$G_{y1} = u_2 - u_1, \quad G_{y2} = u_3 - u_2 \tag{6-34}$$

当 $G_{y1} > 0$ $G_{y2} > 0$ 时，表明此行三个像素具有平滑性，由定理 1 和定理 2 可知，则嵌入数据 b_1 后：

$$(u_1, u_2, b_1) \Rightarrow (u_1', u_2') \tag{6-35}$$

则由定理 1，2 可知：

$$u_1' \leqslant u_1 \leqslant u_2 \leqslant u_2' \tag{6-36}$$

设 $u_2' = u_2 + \Delta_1, (\Delta_1 > 0)$

if　$u_2' < u_3$，嵌入数据 b_2 后：

$$(u_2', u_3, b_2) \Rightarrow (u_2'', u_3'), \text{ 且 } u_2'' \leqslant u_2' \leqslant u_3 \leqslant u_3' \tag{6-37}$$

设 $u_2'' = u_2' - \Delta_2, (\Delta_2 > 0)$ 则：$u_2'' = u_2' - \Delta_2 = u_2 + \Delta_1 - \Delta_2$

显然，第二次嵌入时造成的失真 Δ_2 对第一次造成的失真 Δ_1 具有补偿作用。

同理，当 $G_{y1} < 0$ $G_{y2} < 0$ 时，

$$u_2'' = u_2' + \Delta_2 = u_2 - \Delta_1 + \Delta_2 \tag{6-38}$$

因此，利用滑动窗口能较好地对上次嵌入造成的失真进行补偿，从而增加嵌入数据比特率的同时，可以有效地提高嵌入数据后图像的质量。为了说明滑动窗口对算法的有效性，我们利用如下示例来说明滑动窗口使用前后嵌入数据比特率和原始数据的变化。

示例：$(u_1, u_2, u_3, u_4) = (200, 201, 203, 205)$，$b = (1, 1, 0)$，

利用差值扩展：

$(u_1 = 200, u_2 = 201), b_1 = 1 \Rightarrow (u_1' = 199, u_2' = 202)$

$(u_3 = 203, u_4 = 205), b_2 = 1 \Rightarrow (u_3' = 202, u_4' = 207)$

$(200, 201, 203, 205)(b_1 b_2 = 11) \Rightarrow (199, 202, 202, 207)$

则均方根误差为：

$$\mathbf{MSE}_1 = \sum\nolimits_{i=1}^{n} (u_i' - u_i)^2 / n$$

$$= \left[(199 - 200)^2 + (202 - 201)^2 + (202 - 203)^2 + (207 - 205)^2 \right] / 4$$

$$= 7 / 4$$

利用滑动窗口及差值扩展可以得到

$(u_1 = 200, u_2 = 201), b_1 = 1 \Rightarrow (u_1' = 199, u_2' = 202)$

$(u_2' = 202, u_3 = 203), b_2 = 1 \Rightarrow (u_2'' = 201, u_3' = 204)$

$(u_3' = 204, u_4 = 205), b_3 = 0 \Rightarrow (u_3'' = 203, u_4' = 205)$

$(200, 201, 203, 205)(b_1 b_2 b_3 = 110) \Rightarrow (199, 201, 203, 205)$

则均方根误差为：

$$\mathbf{MSE}_2 = \sum\nolimits_{i=1}^{n} (u_i' - u_i)^2 / n$$

$$= \left[(199 - 200)^2 + (201 - 201)^2 + (203 - 203)^2 + (205 - 205)^2 \right] / 4$$

$$= 1 / 4 = \mathbf{MSE}_1 / 7$$

即利用滑动窗口的差值扩展算法嵌入数据容量为像素对差值扩展算法的 3/2 倍，但均方根误差，前者是后者的 1/7。由此可见，利用差分扩展进行数据嵌入时，滑动窗口的采用可以抵消一部分差值扩展带来的图像失真，提高嵌入容量的同时，提高了图像的质量。

6.4.2 基于对数函数算法的基本流程

在 DE 算法的嵌入过程中，图像的失真主要来自于方程 6-2，即将差值扩大到原来的二倍。因此如何减小差值是减小失真、提高嵌入图像质量的关键。Lou 等人的算法[107]（Reduced Difference

Expansion, RDE）利用对数变换减小了差值，在数据嵌入过程中，利用较大像素值减去较小像素值得到非负的差值，从而可以利用对数函数进行差值的变换，其公式为：

$$h' = \begin{cases} h & \text{if } h < 2 \\ h - 2^{\lfloor \log_2 h \rfloor - 1} & \text{otherwise} \end{cases} \qquad （6-39）$$

在数据嵌入过程中，对差值为 0 或 1 的像素对不作处理，其他的像素对利用对数变换做相应减小，然后对减少后的差值进行扩展，即：

$$h'' = 2 \times h' + b. \qquad （6-40）$$

同时产生位图信息（LM, Location Map）：

$$LM = \begin{cases} 0 & \text{if } 2^{\lfloor \log_2 h' \rfloor} = 2^{\lfloor \log_2 h \rfloor} \\ 1 & \text{if } 2^{\lfloor \log_2 h' \rfloor} \neq 2^{\lfloor \log_2 h \rfloor} \end{cases} \qquad （6-41）$$

算法在数据提取过程中，在恢复原始像素值前（即式 6-6 后）利用式 6-42 进行原始差值的恢复：

$$h = \begin{cases} h' + 2^{\lfloor \log_2 h' \rfloor - 1} & \text{if } LM = 0, \\ h' + 2^{\lfloor \log_2 h' \rfloor} & \text{if } LM = 1. \end{cases} \qquad （6-42）$$

为进一步说明 RDE 算法能够减小差值扩展对图像的损失，采用和 DE 算法相同的像素对： $x = 203$ ， $y = 200$ 进行测试，则 RDE 嵌入数据和提取数据的流程为：

嵌入数据过程中，在式 6-1 后增加：

$$h' = h - 2^{\lfloor \log_2 h \rfloor - 1} = 3 - 2^{\lfloor \log_2 3 \rfloor - 1} = 3 - 2^0 = 2,$$
$$h'' = 2 \times h' + b = 2 \times 2 + 1 = 5,$$
$$x' = l + \lfloor (h'' + 1) / 2 \rfloor = 201 + \lfloor (5 + 1) / 2 \rfloor = 204,$$
$$y' = l - \lfloor h'' / 2 \rfloor = 201 - \lfloor 5 / 2 \rfloor = 199 \qquad （6-43）$$

原始像素对嵌入数据后变为： $x'=204$ 和 $y'=199$ 。

在提取数据的过程中，数据提取、差值恢复和原始像素值恢复的过程为：

$$h''=x'-y'=204-199=5, \quad b=\mathrm{LSB}(h'')=\mathrm{LSB}(5)=1,$$

$$h'=\lfloor h''/2 \rfloor=\lfloor 5/2 \rfloor=2, \mathrm{LM}=0$$

所以 $h=h'+2^{\lfloor \log_2 h' \rfloor-1}=2+2^{\lfloor \log_2 2 \rfloor-1}=3,$

$$x=l+\lfloor (h+1)/2 \rfloor=201+\lfloor (3+1)/2 \rfloor=203,$$

$$y=l-\lfloor h/2 \rfloor=201-\lfloor 3/2 \rfloor=201-1=200$$

$$(6-44)$$

研究发现，RED能够有效地减少差值扩展后对图像造成的失真，提高了嵌入数据后图像的质量。通过分析，我们在RDE的基础上，对其进行了相应的修改（Improved RDE,IRDE），使得对数变换后的差值更小，从而更进一步地提高嵌入数据后的图像质量。为了较清楚地表明IRDE和RDE之间的差别，根据Lou方法中像素差值的处理方式，我们将像素对根据不同的差值分为三个集合 S_1 ， S_2 和 S_3 ：

$$S_1=\{h \mid h=0 或 h=1\}$$

$$S_2=\{h \mid 2 \times 2^{n-1} \leqslant h \leqslant 3 \times 2^{n-1}-1, 1 \leqslant n \leqslant 7, \ n \in Z\}$$

$$S_3=\{h \mid 3 \times 2^{n-1} \leqslant h \leqslant 4 \times 2^{n-1}-1, 1 \leqslant n \leqslant 7, \ n \in Z\}$$

$$(6-45)$$

其中由于差值为0或1的像素对不做处理，我们将其归为 S_1 ，对于Lou算法中公式6-39的第二部分我们将其分为两类： S_2 和 S_3 ，并对不同集合里的像素对做如下处理：

$$h' = \begin{cases} h - 2^{\lfloor \log_2 h \rfloor - 1} & \text{if} \quad h \in S_2 \\ h - 2^{\lfloor \log_2 h \rfloor} & \text{if} \quad h \in S_3 \end{cases}, \quad \text{LM} = \begin{cases} 1 & \text{if} \quad h \in S_2 \\ 0 & \text{if} \quad h \in S_3 \end{cases}$$

（6-46）

上述公式表明，数据嵌入过程中，集合 S_1 的像素对不做处理，S_2 内的像素对采用 Lou 的处理方式，S_3 内的像素对按式 6-46 将差值更近一步地减小，从而更近一步减小差值扩展带来的误差。同时两种算法拥有相同长度的 LM。

数据提取过程中，相应的差值恢复方程为：

$$h = \begin{cases} h' + 2^{\lfloor \log_2 h' \rfloor + 1} & \text{if} \quad \text{LM} = 0, \\ h' + 2^{\lfloor \log_2 h' \rfloor} & \text{if} \quad \text{LM} = 1. \end{cases}$$

（6-47）

为了直观表示 IRDE 的有效性，我们仍然采用像素对 $x = 203$，$y = 200$，则 IRDE 的数据嵌入过程变为：在式 6-1 后增加：

$h \in S_3, h' = h - 2^{\lfloor \log_2 h \rfloor} = 3 - 2^{\lfloor \log_2 3 \rfloor} = 3 - 2 = 1, \text{LM} = 0$，

$h'' = 2 \times h' + b = 2 \times 1 + 1 = 3$，

$x' = l + \lfloor (h'' + 1) / 2 \rfloor = 201 + \lfloor (3 + 1) / 2 \rfloor = 203$，

$y' = l - \lfloor h'' / 2 \rfloor = 201 - \lfloor 3 / 2 \rfloor = 200$

（6-48）

原始像素值在嵌入数据 1 后变为：$x' = 203$ 和 $y' = 200$。可见对原始数据没有造成任何影响，但同时也能有效地嵌入数据。

在提取数据的过程中，数据提取、差值恢复和原始像素值恢复的过程为：

$h'' = x' - y' = 203 - 200 = 3, b = \text{LSB}(h'') = \text{LSB}(3) = 1$，

$h' = \lfloor h'' / 2 \rfloor = \lfloor 3 / 2 \rfloor = 1, \text{LM} = 0$

所以 $h = h' + 2^{\lfloor \log_2 h' \rfloor + 1} = 1 + 2^{\lfloor \log_2 1 \rfloor + 1} = 3$，

$$x = l + \lfloor (h+1)/2 \rfloor = 201 + \lfloor (3+1)/2 \rfloor = 203,$$
$$y = l - \lfloor h/2 \rfloor = 201 - \lfloor 3/2 \rfloor = 201 - 1 = 200$$

$$(6-49)$$

上面过程可以看出，像素对 $x = 203$ 和 $y = 200$ 在嵌入数据 $b = 1$ 后，DE将原始像素对变为： $x' = 205$ 和 $y' = 198$ ，RDE将原始像素对变为： $x' = 204$ 和 $y' = 199$ ，而IRDE将原始像素对变为： $x' = 203$ 和 $y' = 200$ 。三者的MSE分别为4、1和0，可见IRDE在减小失真、提高图像质量上效果明显。

6.4.3 实验结果及算法性能分析

为了验证算法的有效性，实验过程中选取标准测试图像库中大小为512×512的6副灰度图像作为宿主图像（图6-9）：

 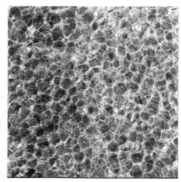

(a) Baboon   (b) Plastic bubbles

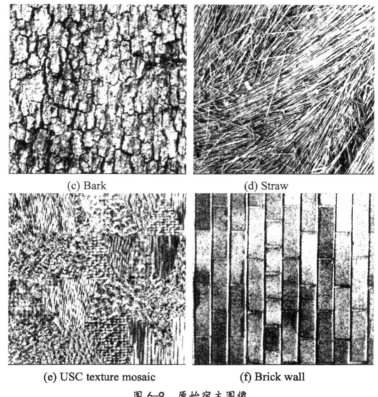

(c) Bark　　　　　　　(d) Straw

(e) USC texture mosaic　　　(f) Brick wall

图 6-9　原始宿主图像

Fig.6-9 Original Host Images

　　实验过程中，我们采用相同比特率条件下的综合性能（PSNR/Capacity）测试算法的有效性。嵌入数据过程中，先按照从左至右，从上向下的顺序将图像扫描成一维的向量，然后利用 IRDE 进行数据嵌入，对数据过程中产生的溢出部分进行记录，同时记录位置图信息，数据嵌入结束，将向量恢复成二维图像。数据提取过程与嵌入过程相反，将一维向量按照从右至左，从下向上的方式，利用溢出记录和位图信息进行数据的提取。

图 6-10 测试了不同宿主图像不同比特率条件下图像的质量。图 6-10 中可以看出，同样嵌入比特率时，IRDE 由于更近一步地减小了像素对差值的大小，从而减小嵌入数据后的扩展值，算法嵌入数据的图像质量明显高于 RDE，有的甚至高达 5dB。

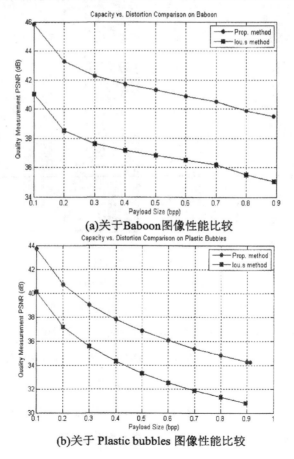

(a)关于Baboon图像性能比较

(b)关于 Plastic bubbles 图像性能比较

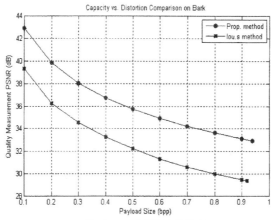

(c)关于 Bark 图像性能比较

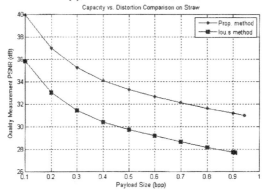

(d)关于 Straw 图像性能比较

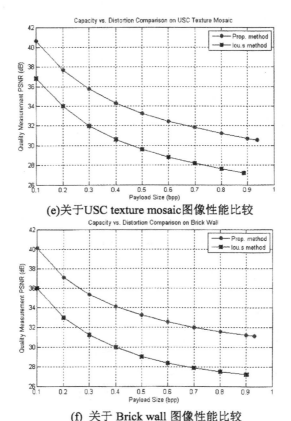

(e)关于USC texture mosaic图像性能比较

(f) 关于 Brick wall 图像性能比较

图 6-10　本算法与 Lou 算法性能比较测试

Fig.6-10 Performance Comparison Test between Our Algorithm and Lou's Algorithm

　　图 6-11 将图像分别通过 IRDE 和 RDE 进行单层嵌入容量测试。由图可知：Baboon 图像像素差值范围较小，两种算法单层可嵌入容量几乎相等,但 IRDE 嵌入数据后图像质量明显高于 RDE；对于其他图像，由于图像纹理复杂，像素差值较大，RDE 嵌入数

据产生了较多的数据溢出，使得数据嵌入比特率下降，但 IRDE 由于其能更进一步地减小差值扩展对图像带来的影响，降低了数据溢出的比特率，因此 IRDE 的单层可嵌入比特率高于 RDE，同时图像质量也远远高于 RDE。该算法利用改进型的对数变换，有效地降低了图像像素对差值位于集合 s_3 时变换后的差值，较好地保持了嵌入数据后图像的质量。然而差值类型的标识和数据嵌入过程中产生的位图信息较大，需要额外的保存。如何有效地解决对数函数带来的辅助信息过大的问题，使得对数函数修改后的差值互不重复是接下来努力的方向。为了更进一步地减小辅助信息，本书提出了另一种可逆信息隐藏算法，即基于块分类和差值扩展的可逆信息隐藏算法。

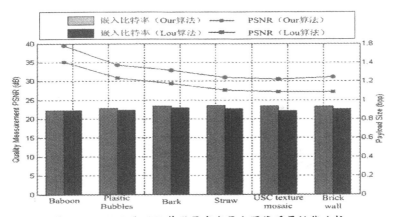

图 6-11　IRDE 和 RDE 单层最高容量和图像质量性能比较

Fig.6-11 The Maximum Single-layer Capacity and Image Quality Performance

Comparison between IRDE and RDE

6.5 基于块分类和差值扩展的 可逆信息隐藏算法

本算法基于图像内容利用图像块均值间关系这一统计特性，对图像块类型和嵌入方向进行判断，有效地解决了传统算法单一方向嵌入同等数量的数据对图像造成较大失真的问题，很好地保留图像块像素间相关性的同时提高了单层图像块的嵌入容量。

6.5.1 块分类和差值扩展的数据嵌入算法

数据嵌入过程如图 6-12，该算法为基于向量的差值扩展嵌入算法，包括图像区域划分，数据嵌入过程和位图信息嵌入过程，在数据嵌入过程中含有图像块分类判定准则和图像块嵌入方向判定准则。

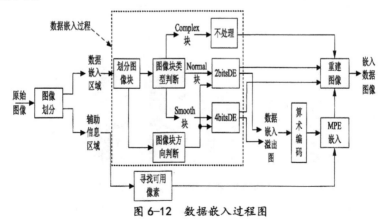

图 6-12 数据嵌入过程图

Fig.6-12 Data Embedding Procedure

具体过程如下：

（1）将图像分为数据嵌入区域和辅助信息嵌入区域；

（2）在数据嵌入区域，利用判断准则判断目标图像块的类型和目标图像块的嵌入方向；

（3）对不同目标图像块按嵌入方向嵌入不同比特的数据。如果嵌入数据后的像素值发生溢出，则不嵌入数据，同时记录相关位置信息图；

（4）对位置信息图和两个阈值利用算法编码进行压缩；

（5）利用 MPE 将压缩后位置信息图的长度、数据嵌入辅助信息区域；

（6）发送图像块均值差值信息，得到嵌入数据后的图像。

（a）图像区域划分和数据嵌入方向

图像被划分为两个区域：数据嵌入区域和辅助信息嵌入区域（图 6-13），辅助信息嵌入区域上半部分高度为 $3 + \mathrm{mod}(h, 3)$，下半部分高度为 3，左半部分宽度为 $3 + \mathrm{mod}(w, 3)$ 和右半部分宽度为 3，其中 h 和 w 分别为原始图像的高度和宽度。

传统数据嵌入过程是在数据嵌入区域通过扫描的方式进行数据嵌入，如在嵌入阶段通过从上到下，从左到右的方式；在数据提取过程中首先计算出数据嵌入的长度，然后按照嵌入过程相反的方向进行数据的提取，即从下向上，从右至左。利用图像块间的均值关系对目标图像块进行预测，数据的嵌入和提取可以采用同样的方向，即不必利用数据的长短计算数据提取时的起始位置，然后采用和数据嵌入相反的方向提取嵌入的数据。该算法利用光栅扫描的方式在数据嵌入区域按照从左向右，从上至下的方式嵌入和提取。

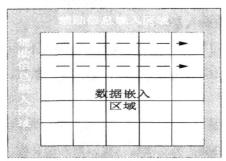

图 6-13　图像区域划分和数据嵌入方向

Fig.6-13 Images Regional Division and Data Embedding Direction

（b）图像块均值的有效性

图 6-14 为原始宿主图像和由图像块均值构成的图像，由图可知：视觉上的均值图像较原始宿主图像小，却较好地保留了原始图像的纹理和复杂程度，因此利用均值预测图像块的纹理情况具有一定的理论基础。

(a) 原始宿主图像　　　　　(b) 均值图像

图 6-14　均值预测图像块类型的有效性

Fig.6-14 Effectiveness of Image Block's Classification Dicided by Mean Value

　　图6-15是两组相同数据在不同嵌入比特率和不同嵌入方向（1代表水平方向，2代表竖直方向）时嵌入数据前后图像像素值和均值发生变化的示意图，这表明虽然图像块数据嵌入量和嵌入方向不同，数值也有很大的变化，但数据嵌入前后图像块的均值未发生变化或者变化很小（差值最大变化的绝对值为1），从而利用图像块的均值进行图像块分类具有可行性。表6-1给出部分相邻图像块的方差和均值。方差表示周围像素值偏离中心像素值的程度，方差越大表明纹理越复杂，差值扩展嵌入数据后对数据造成较大的影响，从而影响嵌入数据后图像的质量。表6-1(a)可看到图像块方差较大的块(如方差为6360的图像块)对应的均值(126)和周围的均值相差也较大（$|126-216|=90$，$|126-43|=83$，$|126-42|=84$，$|126-196|=70$），而对于方差较小的图像块(如方差为6)，对应图像块和周围图像块的均值差也较小（$|33-34|=1$，$|33-33|=0$，$|33-44|=11$，$|33-37|=4$），因此比较目标像素块

和周围图像块均值差值与选取阈值的大小关系，可以判断不同图像块的复杂程度，从而嵌入不同比特的数据。

嵌入数据前图像			嵌入数据和方向	嵌入数据后图像			嵌入数据前图像			嵌入数据和方向	嵌入数据后图像		
174	176	180	*b*=110111 direction=1	170	175	183	174	176	180	*b*= 110111000111 direction=1	164	175	189
175	179	181		171	179	184	175	179	181		164	183	188
175	176	174		175	178	174	175	176	174		174	179	173
均值：176				均值：176			均值：176				均值：176		
174	176	180	*b*=110111 direction=2	172	175	181	174	176	180	*b*= 110111000111 direction=2	170	172	184
175	179	181		175	181	184	175	179	181		177	187	189
175	176	174		175	176	170	175	176	174		175	172	163
均值：176				均值：176			均值：176				均值：176		

(a)嵌入2bits数据后图像像素值和均值的变化

(b) 嵌入 4bits 数据后图像像素值和均值的变化

图 6-15　嵌入数据前后图像像素值和均值的变化比较

Fig.6-15 The Change of Pixels and Mean Values Befor and After Data Embedding

表 6-1　图像块的方差和对应图像块的均值比较

Tab.6-1 Comparison between Variance Value and Mean Value of Image Blocks

(a)图像块方差						
4	406	891	627	7	10	2
1759	370	192	190	7	8	14
2360	105	815	46	11	5	133
1280	1556	2535	558	342	27	478
353	570	1022	360	465	2382	278
216	164	452	1402	6360	352	272
183	280	929	1754	53	17	370
705	557	137	88	44	*6*	10
33	139	49	84	18	126	52
573	131	68	25	27	67	293

(b)对应图像块均值

79	108	147	132	126	131	133
105	165	191	115	125	129	135
113	171	156	113	126	131	126
71	126	112	165	142	133	108
51	128	135	180	216	143	47
125	158	152	196	126	43	59
118	122	145	72	42	34	54
84	68	69	50	37	*33*	33
50	54	67	40	32	44	38
65	74	43	37	36	59	60

（c）图像块类型判断准则

图像块由于纹理复杂度的不同应嵌入不同比特的数据。算法将目标图像块（Block0:Target Block）的均值和周围相邻图像块（Block1, Block2, Block3, Block4）（图 6-16）的均值进行比较，将目标图像块分为平滑块（Smooth Block），一般块（Normal Block）和复杂块（Complex Block）。对于复杂块，数据的嵌入会引起图像的较大失真和数据溢出，因此不嵌入任何数据。对于一般块，利用 6.3.1 中向量的 2bits 差值扩展算法嵌入数据。对于平滑块，利用 6.3.1 中向量的 4bits 差值扩展算法嵌入数据。这样使得算法在增加数据嵌入比特流的同时，尽可能减小数据嵌入对图像带来的失真。具体分析见图 6-17。

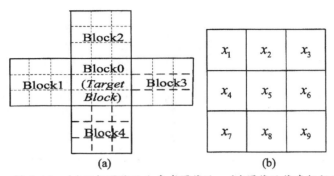

图6-16 (a)目标图像块和参考图像块; (b)图像块像素标记

Fig.6-16 (a)Target Block and Reference Block; (b)Pixel Lable of Image Block

目标图像块三种类型具体判定准则如下:

$$avg\_block0 = floor(mean(block0));$$

$$avg\_block1 = floor(mean(block1));$$

$$avg\_block2 = floor(mean(block2));$$

$$avg\_block3 = floor(mean(block3));$$

$$avg\_block4 = floor(mean(block4));$$

$$v1\_diff = \left| avg\_block2 - avg\_block0 \right|;$$

$$v2\_diff = \left| avg\_block4 - avg\_block0 \right|;$$

$$h1\_diff = \left| avg\_block1 - avg\_block0 \right|;$$

$$h2\_diff = \left| avg\_block3 - avg\_block0 \right|;$$

$$h\_diff = h1\_diff + h2\_diff;$$

$$v\_diff = v1\_diff + v2\_diff;$$

if $((v1\_diff \geq Th2) \& \& (v2\_diff \geq Th2)) \| ((v1\_diff \geq Th2) \& \& (h1\_diff \geq Th2)) \|$

$((v1\_diff \geq Th2) \& \& (h2\_diff \geq Th2)) \| ((h1\_diff \geq Th2) \& \& (h2\_diff \geq Th2))$

$type\_block0 = complex$;

$else \quad if \quad ((v1\_diff \leqslant Th1) \& \& (v2\_diff \leqslant Th1) \& \& (h1\_diff \leqslant Th1)) \|$

$\quad\quad\quad ((v1\_diff \leqslant Th1) \& \& (v2\_diff \leqslant Th1) \& \& (h2\_diff$

$\quad\quad\quad ((v2\_diff \leqslant Th1) \& \& (h1\_diff \leqslant Th1) \& \& (h2\_diff \leqslant Th1))$

$\quad\quad\quad\quad type\_block0 = smooth$;

$\quad\quad else$

$\quad\quad\quad\quad type\_block0 = normal$;

$\quad\quad end$

end .

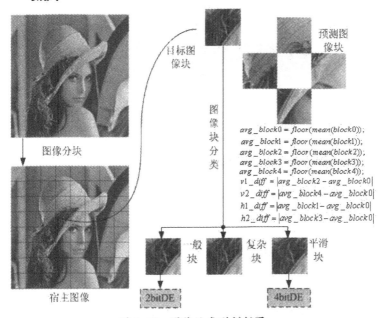

图 6-17　图像块类型判断图

Fig.6-17 Classification of Image Block

（d）图像块嵌入方向判断准则：

传统的差值扩展算法进行单一的逐行或逐列嵌入，没有充分利用行列之间的关系。该算法利用像素块间的关系，判断目标图像块的嵌入方向，将图像块水平方向嵌入和竖直方向嵌入。如图6-18：

$$v_1 = (x_1, x_4, x_7)，\quad v_2 = (x_2, x_5, x_8)，\quad v_3 = (x_3, x_6, x_9)$$
$$h_1 = (x_1, x_2, x_3)，\quad h_2 = (x_4, x_5, x_6)，\quad h_3 = (x_7, x_8, x_9)$$

（6-50）

 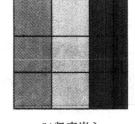

(a) 水平嵌入　　　　　　　　(b)竖直嵌入

图 6-18　目标图像块嵌入方向

Fig.6-18 Embedding direction of target block

目标图像块嵌入方向具体判定准则如下：

$$if \quad v\_diff \geqslant h\_diff$$

$$direction\_block0 = horizontal$$

$$else$$

$$direction\_block0 = vertical$$

$$end$$

辅助信息MPE嵌入方式

对于辅助信息位置图，传统方法中大多采用和数据嵌入相同的方式进行嵌入，使得嵌入数据后仍然产生新的位置图，理论上只要嵌入数据就会产生位置图，就需要一直嵌入数据。MPE 利用预测误差进行数据嵌入，使嵌入数据后没有数据溢出，因此本书选择 MPE 算法嵌入辅助信息。在 MPE 嵌入前，将两个阈值和位图信息组成图 6-19(a)的结构后用算术编码进行压缩，然后将编码长度和数据按照图 6-19(b)进行 MPE 嵌入。数据提取时，先用提取出的前 9 位数据进行数据长度的恢复，然后提取出压缩后的数据，并经过压缩编码进行解码，得到嵌入数据时所用的阈值和位图信息，从而辅助提取算法正确提取出所嵌入的数据。

表 6-2 是选取的 8 副测试图像的辅助信息区域总共像素的数量和利用 MPE 嵌入数据后产生位置图信息的个数。由表可知，嵌入后的位图信息均为 0，表明没有产生新的位置图，因此算法不需采用多次比较、多次嵌入方式。

表 6-2　辅助信息 MPE 嵌入数据溢出情况

Fig.6-2 Data Overflow of Auxiliary information Using MPE method

测试 图像	辅助信息嵌入区域	
	总共像素	数据溢出情况
Lena	8128	0
Plane	8128	0
Couple	8128	0
Milk-drop	8128	0
Peppers	8128	0
Baboon	8128	0
Boats	8128	0
Bridge	8128	0

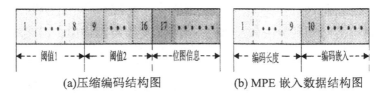

(a)压缩编码结构图   (b) MPE 嵌入数据结构图

图 6-19 数据结构

Fig.6-19 Data Structure

6.5.2 块分类和差值扩展的数据提取算法

数据提取过程和数据嵌入过程相似，具体过程见图 6-20：

（1）将图像分为数据提取区域和辅助信息区域；

（2）在辅助信息区域，利用 MPE 提取算法提取出嵌入数据的长度，由嵌入长度恢复出压缩后的数据，再对其算术编码解码，得到阈值和位图信息；

（3）利用辅助信息和图像块均值差值信息对数据提取区域图像块类型和方向进行判断，提取出目标图像块所含的数据，并恢复原始图像块的像素值；

（4）执行上述步骤直到所有目标图像块检测完成，得到嵌入的数据和原始宿主图像。

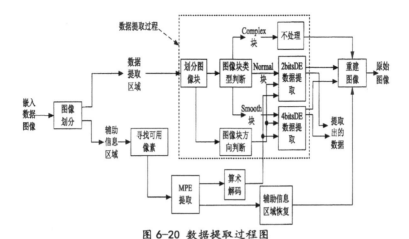

图 6-20 数据提取过程图

Fig.6-20　Data extraction procedure

6.5.3 实验结果及算法性能分析

为了验证算法的有效性，实验过程中选取大小为 512×512 的不同纹理特征的灰度图像作为宿主图像（图 6-21），分别为标准图像 Lena, Plane, Couple, Milk-drop, Peppers, Baboon, Boats 和图像 Bridge。

(a) Lena　　　　　　(b) Plane　　　　　　(c) Couple

(d) Milk-drop   (e) Peppers   (f) Baboon

(g) Boats   (h) Bridge

图 6-21 测试图像

Fig.6-21 Test Images

(a) 综合性能测试 (payload size/PSNR)

图6-22给出了8副图像的综合性能测试关系图。从图6-22(a)中可看出：对于纹理较为简单的图像Plane，由于其像素块间的差值相差不大，使用较小的阈值就可以将图像块分成不同的类型，同时在辅助信息嵌入区域，平滑的区域能够产生较多的嵌入信息可用像素，因此嵌入比特率较高，图像质量较好。该种特性对于Milk-drop图像同样如此，在该图像的上部分由于存在一定的纹理特征，同样嵌入比特率条件下图像的质量较Plane低，但当嵌入比特率超过0.5时，图像质量高于Plane图像，表明该算法充分利用了

图像的纹理特征,将图像的内容特性考虑在数据嵌入的过程当中。对于图像Lena,其纹理较Plane和Milk-drop图像复杂,因此其综合性能指标图大部分在Plane和Milk-drop的下方。对于图像Couple,其复杂的图像内容使得图像块类型的控制不如前三幅图像容易,嵌入数据后对图像造成的失真较前三幅图像大,从综合性能关系图可看出,其性能指标相对其他较差,但由图也可看出,图像嵌入容量为0.7bpp时,图像的PSNR仍然高于30dB,满足算法对容量和图像质量的要求。

图6-22(b)的4副图像的综合性能图更进一步验证了上述的论述,其四幅图纹理复杂度由图6-21可以给出顺序,即Boats,Peppers,Bridge和Baboon复杂度逐渐增大,同时通过图6-22(b)的四条关系曲线可以看出,Boats的综合性能较好,较其他曲线位于图像的上方,其次是Peppers关系曲线图,位于Boats的下方,最下面的为纹理最为复杂的Baboon图,同样嵌入比特率条件下,Boats的PSNR比Baboon的PSNR高达10dB。因此充分表明该算法利用均值控制图像块的类型的方向性进行数据的嵌入具有一定的有效性和适用性。

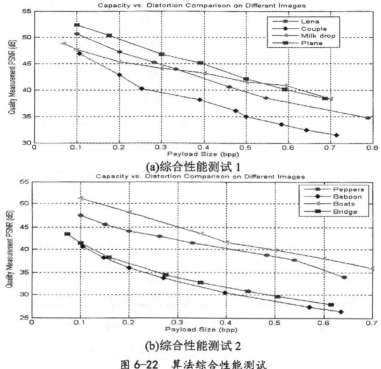

(a)综合性能测试 1

(b)综合性能测试 2

图 6-22　算法综合性能测试

Fig.6-22 Performance Test

(b) 综合性能对比测试（payload size/PSNR）

为了更进一步测试算法的有效性，实验将该算法和优秀算法中Tian的差值扩展算法(DE)[103]和Thodi的预测误差数据嵌入算法（PE）[109]进行对比。图6-23给出了三种算法在不同纹理图像Baboon、Peppers和图像Lena的综合性能对比关系图。

从图6-23(a)可以看出，对于纹理较为复杂的图像Baboon，图像的质量随着嵌入数据量的增多下降较快。在低比特率条件下，利用该算法嵌入数据后图像的PSNR比Tian的DE算法嵌入数据后图像的PSNR可高达5dB，比Thodi的PE算法嵌入数据后图像的PSNR更是高达7dB，表现出了良好的性能，但随着嵌入数量的增多，复杂的纹理对图像的质量影响越来越严重，但其PSNR仍略高于DE和PE。

对于图像Peppers（图6-23 b），图像良好的局部平滑特性使得不同的图像块根据图像块类型判断准则被较好地区分，从而嵌入数据后对图像造成的失真较小，在整个不同的嵌入比特率条件下，该算法的综合性能曲线图一直在基于DE和基于PE的综合性能曲线图上方，该算法的PSNR比同比特率条件下的DE算法高达5dB，比基于PE的PSNR更是高达8dB。从而该算法对于类似Peppers的局部特征较为明显的图像，其综合性能明显高于DE算法和PE算法。

图6-23(c)给出了基于Lena图像的综合性能对比测试曲线图，图像在高嵌入比特率条件下的质量较高，其PSNR在嵌入比特率高达1bpp时仍高于30dB，嵌入数据较少时，该算法的PSNR高于DE和PE，当嵌入比特率高于0.6bpp时，Thodi的算法略高于该算法，因为高嵌入比特率条件下，位于图像下方较为复杂的纹理图像使得图像块嵌入数据后产生了较多数据溢出，该部分图像块由于不能嵌入数据造成的容量减少，必须通过增大阈值从而增多平滑块的数量进行平衡，在一定程度上影响了嵌入数据后图像的质量。但从图6-23(c)可以看出，该算法的PSNR一直高于Tian的算法。从以上三幅不同纹理特征图像的综合性能对比测试曲线图可看出，

该算法对于各种类型的图像都比较适用。

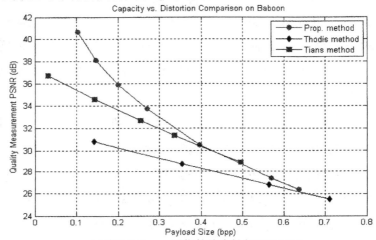

(a)基于 Baboon 图像的综合性能对比测试

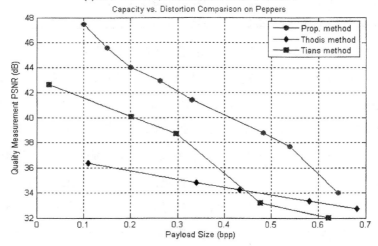

(b)基于 Peppers 图像的综合性能对比测试

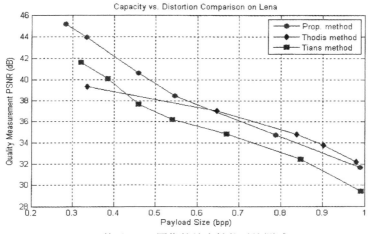

(c)基于 Lena 图像的综合性能对比测试

图 6-23 算法对比性能测试

Fig.6-23 Capacity vs. distortion comparison

6.6 本章小结

为能有效地隐藏数据，同时数据被提取后载体图像能够有效地恢复，本章提出了两类可逆信息隐藏算法。一类利用对数函数修改像素间的差值，降低差值扩展对图像造成的影响，从而有效地提高嵌入数据后图像的质量。另一类算法利用数据嵌入前后图像块均值间的关系，对图像块类型进行判断，并利用相邻图像块行列方向的均值差异判断目标图像块的嵌入方向，实现多种嵌入容量和多方向嵌入数据的目标，有效地解决了传统算法单一的嵌入方向和单一的嵌入数据容量对图像造成较大失真的问题，在很好地保留图像块像素间相关性的同时，提高了嵌入水印后图像的质量和嵌入容量。但两种算法均有额外信息需要保存，更有效的可逆变换和辅助信息的有效减少和保存是接下来需要解决的问题。

第7章　全书总结及其展望

7.1 全书总结

本书以灰度图像为研究对象，充分利用图像处理分析技术和数学基础理论，结合密码学、混沌学的相关知识，在查询了大量资料的基础上，分析了数字图像的真实性验证、完整性鉴定和数字图像版权保护等技术中存在的一些问题，对信息隐藏中的数字水印技术进行了深入的研究，提出了几类数字图像水印算法。

取得的创新性研究成果总结如下：

1.随着数字图像在电子商务、医学、法学等方面的应用，其真实性和完整性的鉴定起着至关重要的作用。数字图像认证技术凭借在数字图像中嵌入相关认证信息，在图像提取端通过验证所隐藏的认证信息与原始认证信息的差异能对载体图像进行完整性确认和对篡改区域进行准确定位，从而引起广大研究者的关注。针对图像认证技术中水印的定位精度和安全性之间存在的问题，提出了两类基于混沌系统的图像认证水印算法。利用遍历性较强的猫映射构成图像块之间的循环结构，使得水印生成图像块和水印嵌入图像块相关，有效地抵抗矢量量化攻击。同时和传统的单一块相关技术相比，提高了定位精度。利用对初值极端敏感的

Logistic 映射系统构成伪随机循环链结构,将图像块的奇异值和混沌序列进行运算得到图像块的水印嵌入到伪随机循环链对应的图像块的最低有效位，使得水印基于图像内容，保持了图像块相关的高定位精度。同时对行列互换时矩阵的奇异值不发生改变进行了证明，验证了利用矩阵奇异值直接产生水印，水印提取过程中发生漏警，从而影响其定位精度，在利用图像认证技术进行完整性鉴定的一些重要场合可能会造成巨大的经济损失和社会影响。

2.数字作品的日益增多，数字图书馆的开放，一定程度上会引起较多的数字产品特别是数字图像的版权纷争。针对该情况，本书将优化理论和数学中的分解理论与数字水印算法结合起来，提出了两种鲁棒性数字水印算法。优化理论中支持向量机技术凭借其良好的学习能力和泛化性能在很多领域均有应用。通过分析支持向量机的分类理论和回归理论，从而利用支持向量机良好的回归特性建立图像块像素之间的关系模型，并基于该模型利用周围像素建立的输入模式预测目标像素值，比较实际目标像素值和预测值，从而修改目标像素实现有意义水印序列的嵌入。提取过程中，通过比较实际目标像素值和预测值之间的大小完成水印的提取。将具有良好数学基础的分解理论——QR 分解引入数字图像水印算法中，通过深入分析 QR 分解的定义和求解过程，同时研究图像在经过一定程度的失真前后 QR 分解 Q 阵的列系数关系的不变性，设计了利用第一列中两个系数进行水印嵌入的策略。水印提取通过比较第一列中两个系数完成。一系列的实验结果证明，基于优化理论的鲁棒性水印算法和基于分解理论的鲁棒性水印算法具有很好的数学基础，同时能够有效地抵抗一定程度的攻击，具有较强的鲁棒性，满足数字图像版权保护的要求。

3.提出了基于奇异值分解的零水印算法，改变了传统的通过修改图像内容而进行数字图像版权保护的做法。利用奇异值分解的稳定性，研究了不同奇异值对算法鲁棒性的影响，选用第一个奇异值构造图像信息，从而能有效地抵抗数字图像处理攻击。选用具有一定意义的二值图像作为水印，将其与图像信息进行运算保存在第三方认证机构中，解决了传统的水印为无意义二值序列，可视性效果不佳和安全性不高的问题；通过对伪水印信息进行均衡性和相似性的验证，说明了采用二值图像作为水印图像的有效性。算法同时给出了彩色图像为载体时的应用方法。通过对不同类型的图像进行测试和与传统算法进行比较，表明基于奇异值分解的零水印算法具有很好的性能，满足实际的需要。

4.可逆信息隐藏利用可逆变换将数据嵌入宿主图像中进行传输，数据接收端提取数据后，原始宿主图像能够无失真恢复。本书针对可逆信息隐藏中数据嵌入容量和嵌入数据后图像质量这一综合评价目标，提出了两种可逆信息隐藏算法。基于对数函数的可逆信息隐藏算法将图像的差值分类，对每一类差值进行不同的处理从而嵌入数据，一定程度上提高了嵌入数据后图像的质量。基于块分类和差值扩展的可逆信息隐藏算法，通过分析嵌入数据前后图像块均值间的相关关系对图像块类型进行判断，把图像块分为平滑块、一般块和复杂块，使得不同的图像类型嵌入不同容量的数据；同时设计了数据嵌入方向判定准则，进一步减小了数据嵌入过程中对图像造成的失真，从而解决了传统可逆信息隐藏算法中单方向、单嵌入容量对图像质量造成较大影响的问题。

数字水印凭借其不可感知的隐蔽性和抵抗各种攻击的能力来实现数字产品的完整性保护，篡改检测定位和数字版权保护，为信息安全提供了一种崭新的途径。该研究成果较好地解决了数字水印技术中存在的一些问题，具有一定的理论研究意义和社会应用价值。

7.2 工作展望

数字水印技术涉及信号处理、数学、生理学、计算机、通信等许多方面，是一项多种学科交叉的技术。国内外许多专家学者在该领域进行了许多开创性的研究，取得了一些成果。本书参考了国内外大量的文献，经过自己的研究探讨，做出了一些研究，取得了一定的成果。但由于客观条件的制约以及自己的学识所限，有许多需要改进之处与有待于开拓的方面：

1.在图像认证算法中，选择合适的图像块像素代替方式，对篡改后的图像实施有效的恢复是接下来研究的重点。文献[38][39]是目前效果较好的两种算法，但是图像块对应的方式有待改进。原因在于：对应图像块被篡改后，定位精度和恢复效果都将受到影响，实际中可将可逆信息隐藏技术中的预测思想引入，利用周围的图像块对篡改图像块的篡改强度进行预测，同时对需嵌入的恢复信息也采用滑动方程进行处理以便得到恢复精度更高的图像。在鲁棒性数字水印算法中，将优化理论和分解理论结合，研究抗仿射不变性的几何特征，从而开发能有效抵抗旋转、缩放等攻击的算法是努力的方向。另外，新的可逆变换的设计，如何更加有效地减少辅助信息以及研究辅助信息更有效的隐藏方式，将指导着以后在可逆信息隐藏技术方面的研究。

2.特殊图像的数字水印技术，诸如军事图像、医学图像、遥感图像等，相对于灰度图像，该类图像有自身的特征，在实际研究中应将该类图像的数字水印技术与图像自身特征结合起来，利用人类视觉系统，开发出性能更好且有针对性的数字水印算法。

3.随着其他多媒体形式诸如视频、音频以及文档等日益增多，相应的版权保护也更加紧迫。相对于基于图像的数字水印算法，此类算法更难。原因在于：视频数字水印算法有实时或接近实时的要求，同时其本身固有的特点，如过多的数据冗余、运动区域与非运动区域分布的不平衡等，以及时间域掩蔽效应等更为精确的人眼视觉模型尚未完全建立，使其发展相对滞后。人类听觉系统比视觉系统具有更多的灵敏性，使得音频水印算法中水印嵌入和提取必须更加严格地利用听觉特性进行设计。作为特殊类型的数字文档，其非黑即白特性要求数据嵌入时对像素的翻转引起视觉影响更小，这必须设计更加合理的像素翻转准则。困难既是挑战，也是机会，如果能对此类数字水印深入研究下去，解决一些技术瓶颈问题，将具有重要的研究意义，同时必将带来更大的社会价值。

4.数字取证技术[133-134]的发展在一定程度上改变了传统的数字水印进行图像内容完整性保护的做法。相对图像认证技术来说，该技术不嵌入任何数据，而采取统计的知识根据诸如噪声、光照、压缩、色彩变化等因素对图像造成的影响来判断图像的真伪，使其应用范围更广。但对于需要进行版权保护的数字产品来说，水印的嵌入在一定程度上影响了其统计特性，如何解决取证技术和版权保护的数字水印技术之间的冲突问题，是一个有意义的值得研究的课题。

参考文献

［1］中国互联网络信息中心：《中国互联网络发展状况统计报告》第 24 次，2009 年 7 月。

［2］中国互联网络信息中心：《2003 年中国互联网络信息资源数量调查报告》，2004年2月。

［3］中国互联网络信息中心：《2004 年中国互联网络信息资源数量调查报告》，2005年2月。

［4］中国互联网络信息中心：《2005 年中国互联网络信息资源数量调查报告》，2006 年 3 月。

［5］王育民、张彤、黄继武：《信息隐藏——理论与技术》，清华大学出版社 2006 年版。

［6］杨义先、钮心忻：《数字水印理论与技术》，高等教育出版社 2006 年 3 月版。

［7］王炳锡、彭天强：《信息隐藏技术》，国防工业出版社 2007 年 9 月版，第 31 页。

［8］Schyndel R.G., Tirkel A Z. A digital watermark. IEEE International Conference on Image Processing (ICIP'94). Auatin, Texas. Nov.1994.2.86-90.

［9］王朔中、张新鹏、张开文：《数字密写和密写分析——互联网时代的信息战技术》，清华大学出版社 2005 年 4 月版，第 5 页。

［10］张立和、周继军、陈伟、王颖：《透视信息隐藏》，国防工业出版社 2007 年 2 月版，第 5 页。

［11］Digital signature standard (DSS). Federal information processing standard publication. 2001 FIPS PUB 186-2.

［12］孙圣和、陆哲民、牛夏牧：《数字水印技术及应用》，科学出版社 2004 年 4 月版，第 87 页。

［13］钟桦、张小华、焦李成：《数字水印与图像认证算法及应用》，西安电子科技大学出版社 2006 年 8 月版，第 6 页。

［14］Wong P W. A public key watermark for image verification and authentication. Proceedings of the International Conference on Image Processing. Chicago: IEEE Computer Society Press. 1998:425-429.

［15］Holliman M, Memon N. Counterfeiting attacks on oblivious block-wise independent invisible watermarking schemes. IEEE Transactions on Image Processing. 2000.9(3):432-441.

［16］Fridrich J, Goljan M, Memon N. Further attacks on Yeung-Mintzer fragile watermarking scheme. Proc. SPIE. vol. 3971 Security and Watermarking of Multimedia Contents II. California: SPIE. 2000:428-437.

［17］Wong P W, Memon N. Secret and public key image watermarking schemes for image authentication and ownership. IEEE Trans Image Process. 2001.10(10):1593-1601.

［18］丁科、何晨、王宏霞：《一种定位精确的混沌脆弱数字水印技术》，载《电子学报》2004 年第 6 期，第 1009—1012 页。

［19］张小华、孟红云、刘芳：《一类有效的脆弱型数字水印技术》，载《电子学报》2004 年第 1 期，第 114—117 页。

［20］陈帆、和红杰、朱大勇：《基于混沌和图像内容的脆弱水印方案》，载《计算机应用》2005 年第 9 期，第 2151—2154 页。

［21］和红杰、张家树：《基于混沌置乱的分块自嵌入水印算

法》，载《通信学报》2006 年第 7 期，第 86—86 页。

［22］Lin C Y. Chang S F. A robust image authentication method distinguishing JPEG compression from malicious manipulation. IEEE Transactions on circuits and systems of video technology. 2001.11(2): 153-168.

［23］Coppersmith D, Mintzer F, Tresser C, et al. Fragile imperceptible digital watermark with privacy control. Proc. SPIE/IS&T, Int. Symp. Electronic Imaging: Science and Technology. Sn Jose, CA: 1999.659-670.

［24］Liu F, Zhu X, Wang Y. Feature based fragile image watermarking framework. ACTA Automatica Sinica. 2004.30(5): 641-651 .

［25］和红杰、张家树：《基于混沌的自嵌入安全水印算法》，载《物理学报》2007 年第 6 期，第 3092—3100 页。

［26］Celik M, Sharma G, Saber E, et al. Hierarchical watermarking for secure image authentication with localization. IEEE Transactions on Image Processing. 2006.15(4):1042-1049.

［27］Barreto P M, Kim H Y, Rijmen V. Toward secure public-key blockwise fragile authentication watermarking. IEE proceddings on Vision, Image and Signal Procedding. 2002.149(2): 57- 62.

［28］张宪海、杨永田：《基于脆弱水印的图像认证算法研究》，载《电子学报》2007 年第 1 期，第 34—39 页。

［29］张静、张春田：《用于 JPEG2000 图像认证的半脆弱性图像数字水印算法》，载《电子学报》2004 年第 1 期，第 157—160 页。

［30］李春、黄继武：《一种抗 JPEG 压缩的半脆弱图像水印算法》，载《软件学报》2006 年第 2 期，第 314—324 页。

［31］王向阳、陈利科：《一种新的自适应半脆弱算法》，载《自动化学报》2007 年第 4 期，第 361—366 页。

［32］张鸿宾、杨成：《图像自嵌入及窜改的检测和恢复算法》，载《电子学报》2004 年第 2 期，第 196—199 页。

［33］Lin P L, Hsieh C K, Huang P W. A hierarchical digital watermarking detection and recovery. Pattern recognition. 2005.38: 2519-2529.

［34］Chang C C, Fan Y H, Tai W L. Four-scanning attack on hierarchical digital watermarking detection and recovery. Pattern recognition. 2008.41:654-661.

［35］Wang M S, Chen W C. A majority-voting based watermarking scheme for color image detection and revovery. Computer standard & interfaces. 2007.29:561-570

［36］刘泉、江雪梅：《用于图像篡改定位和恢复的分层半脆弱数字水印算法》，载《通信学报》2007 年第 7 期，第 104—110 页。

［37］和红杰、张家树、陈帆：《一种高定位精度的可恢复水印算法》，载《中国科学》(E 辑:信息科学)2008 年第 4 期，第 533—552 页。

［38］Lee T Y, Lin S D. Dual watermar for image tamper detection and recovery. Pattern recognition. 2008.41:3497-3506.

［39］Yang C W, Shen J J. Recover the tampered image based on VQ indexing.Singal processing. 2010.90:331-343.

［40］Nikolaidis N, Pitas I. Robust image watermarking in the spatial domain.Signal Processing. 1998.66(3):385-403.

［41］朱从旭、陈志刚：《一种基于混沌映射的空域数字水印新算法》，载《中南大学学报》2005 年第 2 期，第 272—276 页。

［42］邹露娟、汪波、冯久超：《一种基于混沌和分数阶傅里

叶变化的数字水印算法》，载《物理学报》2008 年第 5 期，第 2750—2754 页。

［43］Tsui T K, Zhang X P, Androutsos D. Color image watermarking using multidimensional Fourier transforms. IEEE Transactions on Information Forensics & Security. 2008.3 (1):16-26.

［44］Briassouli A, Strintzis M G. Locally optimum nonlinearities for DCT watermark detection.IEEE Transactions on Image Processing. 2004.13(12):1604-1617.

［45］王宏霞、何晨、丁科：《基于混沌映射的鲁棒性公开水印》，载《软件学报》2004 年第 8 期，第 1245—1251 页。

［46］Lu W, Sun W, Lu H T. Robust watermarking based on DWT and nonnegative matrix factorization. Computers & Electrical Engineering. 2009.35(1):183-188.

［47］Li E P, Liang H Q. Blind image watermarking scheme based on wavelet tree quantization robust to geometric attacks.Proc.IEEE WCICA. 2005.623-626.

［48］Lin W H, Horong S J, et al. An efficient watermarking method based on significant difference of wavelet coefficient quantization.IEEE Transactions on Multimedia. 2008.10(5):746-757.

［49］Wong P H W, Au O C. A capacity estimation technique for JPEG to JPEG image watermarking. IEEE Transactions on Circuits and Systems for Video Technology. 2003.13(8):746-752.

［50］Lu Z M, Sun S H. Digital image watermarking technique based on vector quantization. IEE Elextronics Letters. 2000.36(4): 303-305.

［51］Makur A, Selvi S S. Variable dimension vector quantize-tion based image watermarking. Signal Processing. 2001.81(4): 889-893.

［52］Kang X G, Huang J W. Zeng W J. Improving robustness of quantization-based image watermarking via adaptive receiver. IEEE Trans on Multimedia. 2008.10(6):953-959 .

［53］Shih F Y, Wu S Y T. Combinational image watermarking in the spatial and frequency domains. Pattern Recognition, 2003.36(4):969-975.

［54］Shieh C S, Huang H C, et.al. Genetic watermarking based on transform-domain techniques. Pattern Recognition. 2004.37(3): 555-565.

［55］Davis K J, Narian K. Maximizing strength of digital watermarks using neural networks . In ： Proceedings of the International Joint Conference on Neural Networks. Washington DC.USA. 2001.4:2893-2898.

［56］Zhang F, Zhang H B. Applications of a neural network to watermarking capacity of digital image. Neurocomputing. 2005.67: 345-349.

［57］张新红、张帆：《基于神经网络和感知模型的盲检测数字水印》，载《仪器仪表学报》2006 年第 z3 期，第 2475—2476 页。

［58］张军、王能超：《用于图像认证的基于神经网络的水印技术》，载《计算机辅助设计与图形学学报》2003 年第 3 期，第 307—312 页。

［59］Wang Z Q, Sun X, Zhang D X. A novel watermarking scheme based on PSO algorithm. Lecture Notes in Computer Science. 2007.4688:307-314.

［60］Zheng Y, Wu C H, Lu Z M, Lp W H, Optimal robust image watermarking based on PSO and HVS in integer DCT domain. International Journal of Computer Sciences and Engineering Systems.

2008.2:1-7.

［61］Knowles H D, Winne D A, Canagarajah C N, Bull D R.Image tamper detection and classification using support vector machines, IEE Proceedings Vision, Image and Signal Processing 2004.151(4):322-328.

［62］Vatsa M, Singh R. A Noore. Improving biometric recognition accuracy and robustness using DWT and SVM watermarking. IEICE Electronics Express. 2005.2(12):362-367.

［63］Tahir S F, Khan A, Majid A, Mirza A M. Support vector machine based intelligent watermark decoding for anticipated attack, in: Proceedings of the XV International Enformatika Conference. October 22-24. 2006. Barcelona.Spain.

［64］Khan A, Tahir S F, Majid A, et al. Machine learning based adaptive watermark decoding in view of anticipated attack. Pattern Recognition. 2008.41(8):2594-2610.

［65］Tsai H H, Sun D W. Color image watermark extraction based on support vector machines. Inform. Sci. 2007.177 (2):550-569.

［66］Fu Y G, Shen R M, Lu H T. Watermarking scheme based on support vector machine for color images.IEE Electronics letters. 2004.40(16):986-987.

［67］Lu W, Chung F L, Lu H T, Choi K S. Detecting fake images using watermarks and support vector machines.Computer Standards & Interfaces. 2008.30(3):132-136.

［68］Li C H, Lu Z D, Zhou K. SVR-parameters selection for image watermarking. In: Proceedings of 17th IEEE International Conference on Tools with Artificial Intelligence. Hongkong. China. 2005:466-470.

［69］Li C H, Lu Z D, Zhou K. Application research on support vector machine in image watermarking. Neural Networks and Brain. 2005. ICNN&B '05. International Conference on. 2005.2:1129-1134.

［70］Shen R M, Fu Y G, Lu H T. A novel image watermarking scheme based on support vector regression. Journal of Systems and Software. 2005.78 (1):1-8.

［71］李春花、卢正鼎：《一种基于支持向量机的图像数字水印算法》，载《中国图像图形学报》2006 年第 9 期，第 1322—1326 页。

［72］吴健珍、谢剑英：《基于支持向量机同步的自适应水印检测方法》，载《上海交通大学学报》2006 年第 3 期，第 480—489 页。

［73］Wang X Y, Xu Z H, Yang H Y. A robust image watermarking algorithm using SVR detection. Expert Systems with Applications. 2009.36(5):9056-9064.

［74］Alter O, Brown P O, Botstein D. Singular value decomposition for genome-wide expression data processing and modeling. The Proceedings of the National Academy of Sciences of the United States of America (PNAS). 2000.97(18):10101-10106.

［75］白云、刘新元、何定武等：《在 SQUID 心磁测量中基于奇异值分解和自适应滤波的噪声消除法》，载《物理学报》 2006 年第 5 期，第 2651—2656 页。

［76］遇辉、马秀莉、谭少华等：《基于奇异值分解的异常切片挖掘》，载《软件学报》2005 年第 7 期，第 1282—1288 页。

［77］Liu R Z, Tan T N. A new SVD based image watermarking method. In：Proceedings of 4th Asia Conference of Computer Vision (ACCV'2000).Taiwan. 2000:63-67.

［78］Liu R Z, Tan T N. An SVD based watermarking shcme for

protecting rightful owenership. IEEE Transactions on multimedia. 2002.4(1):121-128.

［79］Zhang X P, Li K. Comments on "an SVD-based watermarking scheme for protecting rightful ownership". IEEE Transactions on Multimedia. 2005.7(2):593-594.

［80］Rykaczewsk R. Comments on "An SVD-Based Watermarking Scheme for Protecting Rightful Ownership". IEEE Transactions on Multimedia. 2007.9(2):421-423.

［81］Xing Y, Tan J Q. A color watermarking scheme based on block-SVD and Arnold transformation. Second Workshop on Digital Media and its Application in Museum & Heritages. 2007:3-8.

［82］Gorodetski V I, Popyack L J, Samoilov V, et al. SVD-based approach to transparent embedding data into digital images. Lecture Notes in Computer Science. 2001.2052:263-274.

［83］Bao P, Ma X. Image adaptive watermarking using Wavelet domain singular value decomposition.IEEE transactions on Circuits and systems for Video technology. 2005.15(1):96-102.

［84］Chandra D V S. Digital image watermarking using singular value decomposition. In: Proceeding of 45th IEEE Midwest Sysposium on Circutis and Systems.Tulsa.Ok. USA. 2002. 264-267.

［85］周波、陈健:《基于奇异值分解的抗几何失真的数字水印算法》,载《中国图形图像学报》2004 年第 4 期, 第 506—512 页。

［86］Ganic E, Eskicioglu A M. Robust embedding of visual watermarks using discrete wavelet transform and singular value decomposition. Journal of electronic imaging. 2005.14(4): 43004.

［87］Sun R, Sun H, Yao T R. A SVD and quantization based semi-fragile watermarking technique for image authentication. Proc

Internet Conf Signal Process. 2002.2(2): 1952-1955.

［88］Chang C C, Tsai P Y, Lin C C. SVD-based digital image watermarking scheme.Pattern Recognition Letters. 2005.26(6): 1577-1586.

［89］Chung K L, Yang W N, Huang Y H, et al. On SVD-based watermarking algorithm. Applied Mathematics and Computation. 2007.188:54-57.

［90］Fan M Q, Wang H X, Li S K. Restudy on SVD-based watermarking scheme. Applied Mathematics and Computation. 2008.203:926-930.

［91］张建伟、鲍政、王顺凤：《图像小波域分块奇异值分解的自适应水印方案》，载《中国图形图像学报》2007 年第 5 期，第 811—818 页。

［92］温泉、孙锬锋、王树勋：《零水印的概念与应用》，载《电子学报》2003 年第 2 期，第 214—216 页。

［93］Wang N, Li X. RST invariant zero-watermarking scheme based on mathching pursuit. Chinese Journal of Electronics. 2006.15(2):269-272.

［94］胡裕峰、朱善安：《基于 PCA 和混沌置乱的零水印算法》，载《浙江大学学报》2008 年第 4 期，第 593—597 页。

［95］杨树国、李春霞、孙枫、孙尧：《小波域内图象零水印技术的研究》，载《中国图形图像学报》2003 年第 6 期，第 664—669 页。

［96］高仕龙：《一种 DT-CWT 域内的自适应图像零水印算法》，载《四川大学学报》2008 年第 3 期，第 493—497 页。

［97］向华、曹汉强、伍凯宁、魏访：《一种基于混沌调制的零水印算法》，载《中国图形图像学报》2006 年第 5 期，第 720

—724 页。

［98］马建湖、何甲兴：《基于小波变换的零水印算法》，载《中国图形图像学报》2007 年第 4 期，第 581—585 页。

［99］Boyer, J P, Duhamel P, Blanc-Talon J. Performance analysis of scalar DC-QIM for zero-bit watermarking. IEEE Transactions. Information Forensics and Security. 2007.2(2):283-289.

［100］Teddy F A. Constructive and Unifying Framework for Zero-Bit Watermarking. IEEE Transactions on Information Forensics and Security. 2007.2(2):149-163.

［101］Chang C C, Kieu T D, Chou Y C. Reversible information hiding for VQ indices based on locally adaptive coding. Journal of Visual Communication and Image Representation. 2009.20(1):57-64.

［102］Honsinger C W, Jones P, Rabbani M, et al. Lossless recovery of an originalimage containing embedded data.US Pattern Application. 6278791.1999.

［103］Tian J. Reversible data embedding using a difference expansion.IEEE Transactions on Circuits and Systems for Video Technology. 2003.13(8):890-896.

［104］Alattar, A.M. Reversible watermark using the difference expansion of a generalized integer transform. IEEE Transactions on Image Processing. 2004.13(8):1147-1156.

［105］Hu Y J, Lee H K, Chen K Y.D. Difference expansion based reversible data hiding using two embedding direction.IEEE Transactions on Multimedia. 2008.10(8):1500-1512.

［106］Hsiao J Y, Chan K F, Chang J M. Block-based reversible data embedding. Signal Processing. 2009.89(4):556-569.

［107］Lou D C, Hu M C, Liu J L. Multiple layer data hiding scheme for medical images.Computer Standards & Interfaces.

2009.31(2):329-335.

［108］Hu Y J, Lee H K, Li J W. DE-based reversible data hiding with improved overflow location map. IEEE Transactions on Circuits and Systems for Video Technology. 2009.19(2):250-260.

［109］Thodi M, Rodriguez J J. Prediction error-based reversible watermarking.In: IEEE ICIP. Singapore.24-27.2004.3:1549-1552.

［110］Tseng H W, Hsieh C P. Prediction-based reversible data hiding. Information Sciences. 2009.179(14):2460-2469.

［111］Hong W, Chen T S, Shiu C W. Reversible data hiding for high quality images using modification of prediction errors. The Journal of System and Software. 2009.82(11):1833-1842.

［112］Weng S W, Zhao Y, Ni R R, et al. Lossless data hiding based on prediction-error adjustment. Sci China Ser F-Inf Sci. 2009.52(2):269-275.

［113］Wu H C, Lee C C, Tsai C S, et.al. A high capacity reversible data hiding scheme with edge prediction and difference expansion. Journal of Systems and Software. 2009.82(12):1966-1973.

［114］Chung K L, Huang Y H, Yang W N, et.al. Capacity maximization for reversible data hiding based on dynamic programming approach. Applied Mathematics and Computation. 2009. 208(1):284-292.

［115］Lin C C, Tai W L, Chang C C .Multilevel reversible data hiding based on histogram modification of difference images. Pattern Recognition. 2008.41(12):3582-3591.

［116］Tsai P Y, Hu Y C, Yeh H L. Reversible image hiding scheme suing predictive coding and histogram shifting. Signal Processing. 2009.89(6):1129-1143.

［117］Ni Z C, Shi Y Q, Ansari N, et.al. Reversible data

hiding.IEEE Transactions on Circuits and Systems for Video Technology. 2006.16(3):354-362.

[118] Methodology for the subjective assessment of the quality of television pictures: Recommendation ITU-R-BT.500-10. ITU Radiocommunication Assenbly. 2000.

[119] Kutter M, Petitcolas F AP. A fair benchmark for image watermarking systems. Proceedings of SPIE.1999.3657.

[120]李旭东:《评价数字水印相似程度的公式分析及改进》,载《自动化学报》2008 年第 2 期,第 208—210 页。

[121] Ingemar J. Cox, Matthew L. Miller, Jeffrey A. Bloom, et al. Digital watermarking and steganography(Second Edition). USA. Morgan Kaufmann Publishers. 2008.41-44.

[122] Zeng W J, Yu H, Lin C Y. Multimedia security technologies for digital rights management. USA. ACADEMIC PRESS. 2006.13-13.

[123] Memon N, Shende S, and Wong P. On the Security of the Yueng-Mintzer authentication watermark. Final Program and Proceedings of the IS & T PICS 99. Georgia: PICS. 1999: 301- 306.

[124] 史荣昌:《矩阵分析》,北京理工大学出版社 1996 年版,第 149—153 页。

[125] 田盛丰:《基于核函数的学习算法》,载《北方交通大学学报》2003 年第 2 期,第 1—8 页。

[126] MifllerK R, Mika S, Tsch G, et.a1. An Introduction to kernel based learning algorithm.IEEE Transactionson Neural Networks.2001. 12(2):181-201.

[127]Cristianini N, Shawe-Taylor J. An introduction to support vector machines. Cambridge.UK. Cambirdge University Press,2000.

[128] 阮秋奇:《数字图像处理学》,电子工业出版社 2001

年版，第 325—326 页。

［129］Ahn C J. Parallel Detection algorithm using multiple QR decompositions with permuted channel matrix for SDM/OFDM. IEEE Transactions on Vehicular Technology. 2008.57(4): 2578-2582.

［130］http://ghw.hebei.net.cn/Html/lishu/160957866.html

［131］盛利元、曹莉凌、孙克辉、闻姜：《基于 TD-ERCS 混沌系统的伪随机数发生器》，载《物理学报》2005 年第 9 期，第 4031—4037 页。

［132］张帆、窦勇、邬贵明：《基于 C6000 的滑动窗口图像处理算法存储优化》，载《计算机工程》2009 年第 1 期，第 46—48 页。

［133］Swaminathan A. Wu M. Liu K J R. Digital image forensics via intrinsic fingerprints. IEEE Transactions on Information Forensics and Security. 2008.3(1):101-117.

［134］Fridrich J. Digital image forensic using sensor noise. IEEE Signal Processing Magazine. 2009. 26(2):26-37.